U0229097

*Food Adulteration
and
Food Fraud*

食品掺假
与
食品造假

（美）乔纳森·里斯 （Jonathan Rees） 编

李强　刘文　戴岳　主译

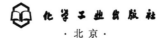
化学工业出版社
·北京·

Food Adulteration and Food Fraud by Jonathan Rees was first published by Reaktion Books, London, UK, 2020, in the Food Controversies series.
ISBN 9781789141948
Copyright © Jonathan Rees 2020.

本书中文简体字版由 Reaktion Books 授权化学工业出版社独家出版发行。

北京市版权局著作权合同登记号：01-2021-6903

图书在版编目（CIP）数据

食品掺假与食品造假/（美）乔纳森·里斯（Jonathan Rees）编；李强，刘文，戴岳主译. —北京：化学工业出版社，2022.1（2023.7重印）
书名原文：Food Adulteration and Food Fraud
ISBN 978-7-122-40265-3

Ⅰ．①食… Ⅱ．①乔… ②李… ③刘… ④戴… Ⅲ．①食品安全-安全管理 Ⅳ．①TS201.6

中国版本图书馆 CIP 数据核字（2021）第 228858 号

责任编辑：傅四周
责任校对：王 静　　　　　　　　　　　　装帧设计：王晓宇

出版发行：化学工业出版社（北京市东城区青年湖南街 13 号　邮政编码 100011）
印　　装：北京捷迅佳彩印刷有限公司
880mm×1230mm　1/32　印张5　字数106千字　2023 年 7 月北京第 1 版第 3 次印刷

购书咨询：010-64518888　　　　　　　售后服务：010-64518899
网　　址：http://www.cip.com.cn
凡购买本书，如有缺损质量问题，本社销售中心负责调换。

定　　价：59.00 元　　　　　　　　　　　　　版权所有　违者必究

译者的话

从我国的三聚氰胺奶粉事件，到欧洲的马肉事件，食品掺假和食品造假已对食品安全和食品贸易造成严重危害，并已成为全世界面临的共同难题。要解决这一问题，除了不断从技术上研究开发食品掺杂造假的检测方法，更重要的则是政府、行业和企业针对食品掺假造假，完善和执行强有力的法律法规、监管制度和实施策略，建立诚实守信的食品安全文化和社会各界充分参与的社会共治氛围。

党的十八大以来，各地区各部门遵循"四个最严"要求，逐步完善全过程监管体系，人民群众饮食安全得到保障，食品安全形势不断好转。但是，我国食品安全工作仍面临不少困难和挑战，形势依然复杂严峻，制假售假等问题时有发生。

为了更好地理解食品掺假和食品造假问题，了解国外对食品掺假和造假的认知，我们翻译了里斯先生的著作——《食品掺假与食品造假》（*Food Adulteration and Food Fraud*）。该书以食品掺假和食品造假引发的信任问题为切入点，通过全球不同地区的案例，详尽阐述了部分替代、被污染、仿造、完全替代、产地欺诈等不同掺假造假情形，介绍了识别掺假造假的测试方法，并从政策、策略和立法等方面给出了相关解决途径。

他山之石，可以攻玉。我们希望该书的翻译出版，能够帮助食品安全工作者从一个新的视角了解食品掺假和食品造假，借助更多的案例分析食品掺假和食品造假背后的影响因素，从而为解决实际工作中可能遇到的食品掺假造假问题提供参考和借鉴。

由于本书译者能力、经历和时间有限，在翻译过程中难免出现瑕疵或不妥之处，恳请读者批评指正。

目 录

CONTENTS

第 1 章

引言：信任问题

Food Adulteration
and Food Fraud

食用由其他人准备、制作或烹饪的食品自古以来都涉及信任问题。在中世纪以及文艺复兴时期，皇室需要其他人进行试吃，因为他们害怕中毒。今天，食物中有毒物质的危害往往需要较长时间才能显现出来。随着时间推移，我们吃什么以及不吃什么都会对我们的生活和健康产生持续影响。因此，饮食是一种同我们关系非常密切的行为。除非我们自己就是农民或者菜农，否则，我们一般都需要他人制作、处理或者烹饪食物，然后通过进食，食物最终进入我们的身体。对于为什么有些人吃得比较小心但有些人始终信任食品生产者这个问题，这或许是最简单的一种解释。

今天，即使人们并未出现食物中毒症状，他们也有很大可能被欺骗了。人们曾经通过视觉线索确认他们买到的食物是否变质或者掺假。如果面包师在面粉中加入锯屑用以增加延展性，那么除非你把面包带回家并切开检查，否则你根本不会发现。即使在今天，消费者前往超市购物时仍然没有可用的化学测试工具。他们只能依赖于农民、生产者和出售食物的商家的信用。若没有诚信，顾客将不再同他们做交易，厂商将会慢慢倒闭。

随着食品供应体系越来越庞大和复杂，生产者和消费者间的物理距离越来越远。确实，对于某些食品，生产者和消费者往往分别处于大洋两岸。食品供应体系的日趋复杂同时意味着消费者越来越无法了解自己吃的食品的成分。这反过来又会让食品生产者更容易掺入一些不该使用的原料或者使用完全不同的食品进行替代，以便获取更多的利润。如果消费者想要知道某种食品应该使用哪些原料，那么他们首先要知道这种食品具体是什么。为了回答这个问题，需要研究这种食品有什么功能以及是否完全不同的原料也能实现这个功能，可能还需要考虑食品的来源。

食品篡改以往称为食品掺假。无良商人可能会在供应链上的任何一个环节进行食品掺假，这样他们就可以利用掺假食品和未掺假食品的价格差异增加利润。若无良商人廉价出售产品，则其他生产者可能会迫于压力同样进行产品掺假，这样他们就可以将价格降至同样的水平。同理，少数不良行为也会影响食品工业其他部门的产品品质。由于食品供应链往往是全球性的，食品掺假也是一个国际性问题。通过研究全球各地的食品掺假情况，你会发现食品掺假可能也会影响你在本地超市买到的东西，即使不是直接影响，也会有间接影响。

很难估计食品掺假与食品造假（同食品掺假非常类似）的程度，因为很难察觉这类欺骗行为。这一问题非常严重且在不断加剧，这已经成为人们的普遍共识。一家私营公司总裁在 2013 年就食品安全问题提出了一些建议，并称，"全球食品造假现象非常普遍，所有生产食品或种植食品原料的国家都存在食品造假现象"。"几乎每一种原料都可能面临造假，即使其经济价值极低。" [1]

依据美国食品加工产业协会的统计，各类食品造假给全球食品生产者造成的损失每年高达 100 亿到 150 亿美元 [2]。在英国，据估计这种行为每年给英国企业造成的损失高达 110 亿英镑 [3]。在美国，超市出售的所有食品中，可能存在掺假的食品比例高达 10% [4]。在孟加拉国，食品掺假问题非常严重，甚至可能导致种族灭绝 [5]。评估食品造假程度时所面临的其中一个问题是缺少可靠的数据。某些同食品造假相关的信息属于专有信息，有些人由于某些原因而不愿意披露此类信息。甚至"食品掺假"和"食品造假"的定义也因国家而异 [6]。

最常出现掺假和造假的食品有鱼制品、蜂蜜、橄榄油、辣椒粉和牛奶。虽然这些食品并不是很贵，但它们的价格足以让一些人冒险，违法者或者将部分原料替换为便宜的材料，或者用完全不同的东西冒充这些食品。有些经常被掺假的食品（比如鱼子酱）则非常昂贵，通过少量掺假就可以获取更多利润。大米或者苹果汁也会有人掺假，这表明掺假现象非常普遍[7]。

1.1

食品掺假和工业化

以往，食品掺假往往指食品中有一些本不该有的东西。目前广泛引用的食品掺假定义来自于美国食品药品监督管理局（FDA），即"欺诈性或者故意性地替换产品中的某种物质或者向产品中添加某种物质，以便增加产品的表面价值或者降低产品的生产成本"。尽管食品掺假被定义是一个很好的开端，但我们还是需要一个更加宽泛的食品掺假定义。食品掺假还包括从食品中去除本应具有的重要成分。另外，通过将某些合法行为（虽然也存在欺骗）加入我们目前的食品掺假定义，有助于我们了解在不同文化中哪些食品生产做法是被允许的，甚至有助于我们了解食品对于全球不同地区的人们意味着什么。

食品掺假的历史可以追溯到古代。罗马人曾抱怨葡萄酒掺水。希腊人和罗马人都曾抱怨他们喝的葡萄酒颜色不纯正。中国古代大约在公元前二世纪左右就有掺假问题，依据一块公元前300年的梵文碑的记载，当时任何进行谷物、盐、油、香料或药物掺假的人都会受到处罚。向面粉中掺入滑石粉的做法可以追溯到古希腊和古罗马时代。据记载，古代许多法律都通过相关措施扼制这种做法[8]。尽管如此，这种做法仍然存在。

但随着工业化和大规模食品生产，这一问题变得非常严重。工业化导致消费者越来越不了解食品生产者，这也使得生产者更容易欺骗消费者。当蔬菜被装入罐子中或者威士忌酒被装入棕色的瓶子中，消费者无法通过传统的视觉线索检查自己买的东西是否正宗。今天，包装将消费者和各种食品隔离开来，包装上通常会印制一些具有欺骗性的图片，让食品看起来非常美味。即使消费者能够看见自己买的东西，通过其他一些手段（比如添加人工染色剂）也可以轻松地掩盖掺假或腐烂的迹象，这类迹象在以往是很容易被发现的。

在过去150年左右，食品生产和食品加工的效率不断提高，技术也日益复杂。从十九世纪晚期开始，随着各国食品生产和食品加工规模的不断扩大，食品生产者和消费者间的距离越来越远。而且，随着人们不断从乡村涌入城市，他们开始碰到以往从未见过的新的加工食品。这意味着非常容易用掺假食品或者完全造假的食品欺骗消费者。这类欺骗行为涉及各类食品，从蜂蜜和牛肉到咖啡和威士忌。

食品添加剂（无论是否合法）让食品掺假的定义更加不确定。为了准确理解掺假同可接受的行为之间的界线，需要考察合法和非法的食品掺入。所有食品掺假都会冲击规范和损害公众信任[9]。在大部分情况下，这种行为是否能够成功取决于消费者是否准确地知道食品中的成分是什么。虽然许多消费者往往都不注意他们吃的东西到底是什么，但情况并非总是如此。就像素食主义者不吃肉一样,注重健康的消费者往往不吃含有食品添加剂的食品(即使食品添加剂的使用是合法的),因为他们认为食品添加剂并不健康,即使政府并不这样认为。这反映出公众信任已经受到严重损害。

没有人支持食品掺假或食品造假(那些以此谋利的人除外)。任何一个有道德的人都不会支持这种行为。但是,关于什么是食品造假和掺假,具体的边界可能比较模糊。实际上,消费者可能会欢迎食品掺假甚至某些欺骗行为,但这种推断基于的事实是消费者知道他们食用的食品存在添加或是删减某些成分。关于食品掺假的定义,如果不考虑这些其他情况,那么就会忽视不同文化之间对食品演变看法的差异。同时,还会错过考察关于食品是如何随着时代推移而不断变化的机会。食品掺假的法律定义是由文化决定的,但是法律很少像许多文化那样影响深远。向食品中添加某种东西是否合法取决于消费者的反应,而消费者的反应又取决于他们是否知道或了解发生了这种行为。

食品造假同食品掺假密切相关,但两者并非完全一样。两者存在程度上的差异:食品掺假指替换食品成分或者向食品中添加成分,只是部分造假;而食品造假并非掺假,而是完全替代,是一种完全的欺骗行为。食品掺假是一种食品造假,但是掺假行为比明目张胆地造假要多得多,因为部分替代比完全替代要更难被检测出来,违法者被抓到后也更容易为自己开脱。在揭发上述两种行为时,往往无法区分掺假和完全造假。这两种行为息息相关,但实际操作可能完全不同。掺假往往只是向食品中添加某种东西,而完全替代某种食品,可能非常难以发现 [10]。

在媒体数据库中检索"食品掺假"和类似表述,无法找到大量同食品造假和食品掺假相关的资料^[11]。尽管如此，由于近些年发生的一系列被大量报道的重大事故，食品掺假与食品造假已经引起了世界各国的关注。在一些经济落后的国家，食品掺假往往涉及生命安全。但是，有问题的食品并不一定要对公众健康造成威胁才会被认为是掺假或造假^[12]。

区分合法和非法食品掺入行为的关键是欺骗的程度。如果生产者使用更加便宜的原料，同时在产品标签上进行注明并且降低产品的价格，这种做法就很难被称为食品掺假，因为消费者非常清楚食品的成分。如果在标签上列明所有成分，假设所有成分都合法，那么这种做法也可能是合法的（但并不一定是道德的）。消费者对于食品掺假或食品造假的反应取决于他们对食用风险的预期。在某一国家可以接受的健康风险在其他国家可能无法接受。这些处于可接受行为边界的灰色地带揭示了人们如何看待食品的文化基础，这些现代生产方法在不断试探人们愿意进行消费的食品原料的极限。

尽管存在上述差异，有些食品掺假在任何地方都是不可接受的。其中首先是有意进行的致命毒害行为，或者通过食品供应实施生物恐怖主义活动。同其他掺假行为相比，这类犯罪非常罕见。另外，这类事件一般为一次性事件，其目的是在尽可能短的时间内造成尽可能大的伤害。食品掺假与食品造假还需要配合其他一些欺骗行为才能获利^[13]。这些欺骗行为最能揭示出社会的相关情况。它们还涉及许多同食品本质相关的问题。

1.2

食品掺假与食品造假的类型

为了保证全球食品供应体系正常运转，必须维持公众的信任，而每种食品掺假或者食品造假都会损害这种信任。产品标签可以向我们展示食品成分，但是许多掺假事件提醒我们标签并不一定可靠。对于这种情况，政府的作用是实施相关法律，让食品生产者依法行事。但是，如果资源非常宝贵并且有问题的食品来自其管辖范围以外的其他地区（现如今这种情况非常普遍），则执法工作可能非常困难。食品掺假同公众健康密切相关，很多非法添加剂会损害健康或者危害安全，还有许多合法添加剂同样如此。调查食品掺假与食品造假同时可以帮助消费者了解自己所食用的食品的具体成分，甚至这些食品到底是什么。

为了理解为何食品掺假影响巨大，需要对全世界的掺假行为进行分类。对各种食品掺假进行分类还有助于理解为什么会出现这种行为以及在不同经济发展阶段这种行为对经济和文化的不同影响。许多食品（比如蜂蜜）都会被掺假或者造假，其具体方法多种多样。按照欺骗类型而非食品进行分类可以反映各类造假的性质，不需要研究相关食品。食品掺假方法不同同样反映出了文化差异。

在区分不同类型的掺假时，最重要的一点是将为了经济利益而进行的掺假和造假同意外污染或环境污染区别开来。"污染和掺假都可能导致产品中出现本不应该出现的东西，"化学家马库斯·利普（Markus Lipp）解释称，"其区别在于污染并不是有意的。它可能是自然原因导致的，污染可能是质控不足或者过失导致的。"[14] 重要的是，在消费者看来，掺假和意外污染的结果是一样的。消费者的健康受到威胁，生产者存在过错。

工业化以前早期的食品掺假都是出于经济利益。那时的食品掺假往往使用更便宜的原料或者掺杂物替换价格较高的纯正食品，这样生产者或者卖家就可以节省成本。按照同未掺假的食品相同的价格出售掺假的食品可以极大地提高生产者的利润。还有一种相关的欺骗行为：缺斤短两。比如在消费者购买面包或葡萄酒时，这种行为相当于用最便宜的添加剂即空气进行掺假。将过多的水分或大量冰块和食品打包在一起也可以达到相同的效果。这种欺诈行为可以追溯到古代，并且一直延续到今天。受资本主义的驱使，有产品出售的地方就有这种行为。如果卖家只希望获取更多利润，同时，掺假很难被发现并且有利可图，则卖家往往会进行掺假。

还有一种误导行为是进行虚假标识。歪曲食品的原产国可能并不涉及向产品中添加任何东西，但这会严重损害公众信任，因为消费者往往将食品原产国视为质量保证。因为虚假标识的食品往往会被作为价格高得多的原产国产品进行出售，这种行为同样有利可图。调查产品类型和原产地可能非常困难并且费用高昂，这导致可能很难发现这类造假行为。只有那些味觉非常敏感的消费者可能能够分辨出这种产品同正品的区别。实际上，许多这类欺诈行为的受害者往往认为它们购买的高端食品是合法产品，他们在消费时不仅注重口感，更在意身份。

对于食品产地的虚假或误导宣传通常属于这类食品造假，即使本身并未涉及掺假，因为实际产品与标签上标示的产品不一致，即使其在化学性质方面非常类似。食品转运，比如将西班牙橄榄油运送到意大利然后宣称原产地是意大利，这实际上是合法的，但仍然属于欺诈。歪曲生产工艺也属于一种欺诈。例如，如果宣称某种食品是有机食品而实际情况并非如此，这并不一定会对他人造成伤害，但这属于欺诈，同以往那种为了提高利润而歪曲产品的食品掺假行为类似。其他一些标签也很容易被用于欺诈，比如"自由放牧"或"天然食品"，因为可以合法使用这类标签的生产方法并不总是能得到有效监管，其中某些标签实际上无法进行定义[15]。

即使食品生产得到严格管控，也会出现食品档案造假问题。在明令禁止的地区销售合法食品的行为称为转移销售。若合法食品的生产超过生产协议规定的数量限制，则称为超量生产[16]。按照产品掺假的传统解释，这种情况并非掺假，这属于食品犯罪。其目的是利用目前全球性高度管控的食品供应体系的规则。但是，同食品掺假一样，这种食品犯罪同样受经济利益驱使，主要利用了人们不了解食品产地。

最严重的食品掺假是向食品中添加危险化学物质。二十世纪早期，美国人对防腐剂持怀疑态度，他们认为防止食品腐败本身就是骗人的，而且人们担心如果长期食用某些防腐剂，则可能危害健康。今天的媒体越来越多地宣称所有向食品中添加的东西都非常危险，记者们深知吸引公众注意力的最简单的方式就是撰写与性或死亡相关的文章。食品中添加的某些成分确实非常危险，但是，即使那些熟知全球新闻的消费者也可能很难说出这些成分具体是什么。

并非受到经济利益驱使的掺假一般指污染，属于食品掺假的一个子类。食品污染的影响同最危险的掺假形式一样，但它们往往是意外或者自然原因导致的，很少涉及有意的犯罪行为。例如，近些年，各种食品都出现过杀虫剂残留量超标的问题。食品生产者本身并不想发生这种情况，因为如果发现超标，生产者就需要花费高昂的代价召回食品。但是，如今供应链变得非常长，食品生产者和经销商几乎无法控制产品，无论是在他们直接控制食品之前还是之后。这类掺假证明了该问题同食品安全问题的密切联系，这是一个截然不同但相关的食品争议，除了食品原料外，我们还需要关注其他问题 [17]。

本书并未按相同的深入程度介绍各类食品掺假 [18]。某些食品掺假更为重要，因为它们更为普遍或者损害更大。实际上，本书所考察的做法在许多文化中根本不算是掺假。不同文化中掺假同可接受的做法之间的界线值得我们好好研究，这样可以揭示不同文化下人们对于食品的期望。同样地，文化内部关于哪些做法可接受的看法的发展变化也会导致这种文化膳食发生退化或者进步（具体是退化还是进步取决于个人的视角）。

另外需要注意的是，许多食品可能同时面临各类不同的掺假。如下文所述，对于橄榄油，人们可以通过一些方法进行稀释，添加有毒物质，进行完全造假，或者歪曲原产地。至少在理论上说，同一批橄榄油可能会同时出现上述所有情况。因为以下章节（主要）介绍食品掺假类型而非食品本身，某些地方会提到橄榄油和一些其他食品。其主要目的并不是在产品纯度问题上危言耸听，而是通过食品掺假方法揭示哪些做法是不同社会都接受的。另外，研究食品掺假方法能够揭示近些年受全球化影响，许多国家的纯度标准发生变化，许多消费者甚至未能意识到这一点。

第 1 章　引言：信任问题

1.3

食品掺假与可接受的做法

因为每种文化对于食品应该有哪些成分和不应该有哪些成分都有一个基本理解，不同地区对食品掺假的定义也略有不同。理解这种差异的关键是食品掺假的文化背景。如果某种文化对于可以生产多少食品持放任态度或者对于如何生产食品缺少监管，则可能允许改变食品成分，而这种改变可能本应该被视为食品掺假。如果某种文化对食品加工持怀疑态度，则可能会对食品成分的改变反应过度。人们对于食品和健康的关系的理解同样会影响消费者对于食品生产方式变化的反应。如果人们只关心生存问题，则他们不会非常关注食品掺假问题。如果人们生活优渥并且注重健康，则食品生产方式的变化可能会对他们产生非常大的影响。对于他们而言，改变传统生产工艺就像一种危险的掺假行为。

如果文化发生改变，人们对食品生产方式变化的认同意愿也会发生变化。因此，一些以往被视为掺假的食品最终可能也会被接受，而在一种文化中视作可接受的食品在其他文化中可能会被视为掺假食品。食品掺假违反了规则，但是规则可以重新制定。掺假食品可能会变成可接受的食品。可接受的食品可能会变为掺假食品。换言之，掺假食品和可接受的食品之间的界线正沿着这两个方向同时发展。

由于食品种类的增加是现代化的一个迹象，不同社会中上述发展的主要趋势是接受，而非排斥。例如，丹尼斯·斯特恩斯（Denis Stearns）律师解释称，如果一种食品生产方法非常流行，那么即使使用了许多化学添加剂，也会被接受。"同其他产品不同，"他写道：

只有食品可以为自身提供保证，而非生产者或生产方式，这利用了早已存在的且只有食品具备的诱惑性。因此，现代食品营销仍然会在标签上使用一个想象的食品生产者的肖像，比如蛋糕粉包装盒上会使用妙厨贝蒂的笑脸，这并不是偶然的[19]。

许多食品生产者也是通过这种方法拉近生产者和消费者之间的距离，恢复曾经存在的信任，那时候，生产者和消费者往往彼此认识。

但是，很多时候某些食品会越过线跑向另一边。2012年，国际咖啡连锁品牌星巴克在其售卖的许多饮料中使用了胭脂红，其是从南美洲小型昆虫身上提取的一种食用红色素。这种物质在几个世纪之前就开始在食品中使用，FDA允许使用这种物质。但是，随着同这种物质的使用相关的流言越来越多，公司首席执行官（CEO）认为星巴克在美国出售的四种食品和两种饮料中使用天然胭脂红提取物作为色素辜负了消费者的期望[20]。某些添加剂并不一定是因为有害才被视为掺杂物，在上述案件中，许多人似乎对使用这种物质感到不满，这足以使零售商害怕其会影响销售额。

这种反应有助于解释为什么"掺假"是一种简化的表述。它只关注食品的成分，而非这些成分的生产背景。许多纯正天然的食品会对人们的长期健康产生危害，因为它们含有一些天然产生的有害物质。许多在实验室中研发的合成食品可以放心地进行食用。我们购买想吃的食品，人们对食品的需求始终在不断变化。

尤其是在这样一个食品供应链遍布全球的时代，这种变化必然会一直持续。由于食品需要经过长距离运输以及大量步骤后才能到达我们手中，我们已经不知道食品是如何生产和处理的了。即使消费者知道食品来自何处，他们也很难知道食品是如何加工的。

同大多数人的看法不同，加拿大社会学家安东尼·温森（Anthony Winson）将许多现代工业化食品加工视为食品掺假。同那种使用更便宜的原料欺骗消费者的传统做法类似，温森发现生产者会向食品中掺入盐、糖、脂肪和化学添加剂，其目的同样是在昂贵的食品中掺入便宜的原料或者对饮料进行稀释：这种做法可以减少生产成本，提高利润。这种做法会破坏消费者吃到的食品的营养成分。其目的是欺骗消费者[21]。

现代食品加工牵涉的欺骗和食品掺假中涉及的欺骗两者间的其中一点区别是前一种欺骗受到普遍欢迎，而后一种则不是。只要消费者继续强迫自己忽视食品的实际成分，他们就可以继续对深加工食品的价格和方便性保持欢迎态度，无需任何担心。为了牟利而不告诉消费者是一种欺骗，同样地，如果在包装上标明某种化学防腐剂或者增味剂，但消费者并不知道这些添加剂对他们所食用的食物具有何种影响，这也是欺骗。这两类由经济利益驱使的掺假之间的另一个区别是一类是合法的而另一类是不合法的。

尽管一些极端的食品掺假案件导致了消费者大规模患病甚至死亡，但消费者很少能意识到自己已经受到食品掺假的影响，因此绝大部分食品掺假行为并未被发现，更不用说被揭发。如果某种人们可能将其视作掺杂物的添加剂是合法的，这并不意味着这种添加剂应该受欢迎。明智的消费者能够使用自己辛苦赚来的钱购买符合自己食用纯度标准的食品，但首先要确定这种纯度标准是什么。这需要认真考虑食品争议的多个方面，这些方面乍一看上去可能并不存在密切的联系，比如便利性和安全性或者真实性和价格。如果大部分人对于如何进行取舍达成一致，那么为了反映这种共识，法律和文化都会发生改变。

　　甚至我们之中那些最不明智的消费者对于食品中应该使用哪些成分和不应该使用哪些成分也有自己的期望。然而，许多方法都会让我们对于食品成分的期望落空。在某些情况下，现代消费者需要依据全球市场的固有风险调整自己的期望。在其他情况下，详细了解食品如何辜负我们的期望可以帮助我们显著改善这种情况。明智的消费者更有可能做出更好的选择；他们不容易惊慌失措，他们能够决定对于他们而言哪些掺假可以接受以及哪些掺假不可以。

第 2 章
部分替代

Food Adulteration
and Food Fraud

1757 年，一位匿名作者［可能是彼得·马卡姆（Peter Markham）博士］在伦敦的一份杂志《批判性评论》（*Critical Review*）上发表了一篇文章《检测出的毒性或可怕的真相》（*Poison Detected or Frightful Truths*）[1]。作者引用了一名医生对于伦敦地区出售的面包的描述，这位医生称这些面包含有"石灰、滑石粉、明矾、骨灰"。作者写道，"使用这些成分的面包师应该受到最严厉的惩罚。这种罪行涉及欺诈、背叛和叛逆。这种人是最恶劣的叛国者。他们不仅给同胞下毒，同时还让子孙后代遭受折磨、疾病、痛苦和死亡。"[2] 因为这些问题在英国大规模工业化之前几十年就已经存在，所以，这种食品掺假更应该看作是商业化烘焙的产物，而非某种特殊技术的产物。

最简单的证据就是十八世纪五十年代在英格兰经济发展水平类似的地区都存在这种现象。"人们有时候会用明矾和滑石粉让面粉增白，"2017 年，巴基斯坦的一位食品掺假专家说，"人们还会用土豆泥、锯屑和熟石膏增加面包的重量。"[3] 在十九世纪的美国，牛奶也有类似的掺假现象："由于缺水，牛奶商纷纷破产"这成了那个时代的一个笑话[4]。

这些同面包和牛奶相关的欺诈行为的原理经过了几个世纪依然没有发生改变。将面包或其他食品中的成分替换成其他更便宜的成分，这反映了在不发达且缺乏监管的经济体中资本主义的激励制度，欺诈行为可能带来的利益远大于被发现和惩罚的风险。甚至那些正直的食品生产商也可能觉得需要欺骗顾客：如果你的竞争对手替换食品成分并且将节约的成本部分转嫁给顾客，那么你也会迫于压力冒着停业的风险做相同的事情。

由于消费者和生产者间的物理距离越来越远，同时，食品供应链中的中间商越来越多，在大城市的现代生产条件下，各类欺诈行为发生的可能性不断增加。除了替代之外，随着食品供应体系日趋复杂，两类不具有致命性的食品掺假正越来越普遍。一种是向食品中添加少量物质或成分，用于掩盖食品的低劣品质；具体做法包括将产品同大量冰块打包在一起，增加重量，或者在消费者食用时用水稀释产品。例如，有时候生鲜鱼类中会出现这种掺假。第二种掺假是食品生产者将食品中的有价值的成分去除，让其他生产者利用这些成分，比如从天然牛奶中提取乳固体，然后单独出售[5]。当然了，在历史上，面包和牛奶不是唯一可以掺假的食品。为了节省生产成本，从调料到牛肉糜都可以混入更便宜的替代成分，我们难以察觉。所有饮料都可以用水稀释。按重量出售的食品都可以缺斤短两。由于食品经营往往利润率很低，即使掺入极少量较便宜的材料也能够极大地提高利润[6]。虽然某些掺杂物可能对健康有害，但大多数不会损害健康。这可能导致生产者更有可能进行这类造假，因为这种行为不仅很难被发现，同时对受害者的影响也很小，因此受到严厉处罚的可能性也更低。

人们人为地将单纯出于经济利益的掺假同危险的出于经济利益的造假区别开来。尽管如此，两者都会引起一连串问题。两者都会损害公众信任，但是那些威胁人类健康的掺假行为往往更容易被发现并且危害也大得多。因此，本章主要讨论前一个方面：掺假如何通过损害公众信任危及食品供应体系。下一章将讨论中毒（或者对中毒的担忧），其中涉及许多相同的问题。但是，下一章主要讨论这些危害性更大的掺假行为造成的其他问题。

2.1

替代和切碎掺假

依据意大利卫生部的统计数据，欧盟地区曝光的"大部分"食品造假都涉及橄榄油。橄榄油可以进行合成。橄榄油可能虚假标识。但是，最容易理解的是一些无良的供应商会将劣等橄榄油同价格更高的橄榄油混合在一起，然后作为纯正的高端橄榄油出售，以此赚取高额利润。通常，橄榄油中会掺入一些劣等、相对便宜的蔬菜油。有时候，人们会在实验室中将其他类型的油品混合在一起，包括非食用性劣等橄榄油。橄榄油的供应链非常长，这导致人们很难发现这类掺假[7]。

橄榄油在其供应链中会经历多次转运。而供应链往往是由批发商控制的。那些负责监管橄榄油纯度的政府官员（尤其是在意大利）通常对橄榄油掺假有不同的看法[8]。不同地区橄榄油的口感也不同，同时，不同年份出产的橄榄其榨出的油品口感也不同。橄榄油掺假可能破坏其中对健康有益的成分，同时，加入一些高度加工的油品后，消费者可能会将某些危险的化学物质连同有益健康的物质一起食入[9]。橄榄油价格较高，掺假的油很难被发现，同时测试费用高昂，这种造假行为非常普遍并且利润非常可观。

各类干草药和调料的掺假也是相同的原理。只需要找一些类似的东西掺进合法产品就行了：如果两者非常相像，那么可能根本无法区别出来，即使尝过之后也发现不了。姜黄根在切碎时可以掺入玉米粉，肉豆蔻在切碎时可以掺入便宜的胡椒粉，干牛至在切碎时可以掺入各种植物（甚至野草）[10]。2018年，法国的一项调查发现，在检查的所有调料中，有一半存在问题[11]。同年进行的另一项研究发现，加拿大出售的调料产品中，三分之一存在这种替代掺假现象[12]。

价格越高的调料则掺假现象越普遍。藏红花是全球最贵的调料，因为这种原料很难采集；藏红花粉来自番红花，番红花非常脆弱，需要手工从番红花上将藏红花纤维采摘下来。面对巨大的经济利益，一些人通过稀释进行掺假，或者使用外观同藏红花纤维类似的材料进行完全替代，甚至不惜使用色素[13]。番红花的其他部分可以冒充微小纤维，用于仿造正品藏红花。同大部分其他调料一样，藏红花干粉也经常面临造假；分辨正品藏红花最简单的方法是观察纤维的形状，但经过研磨加工后将很难发现其中混入了其他成分[14]。

2013年，英国发生了臭名昭著的马肉丑闻案，在一些宣称使用牛肉制作的食品中发现了马肉，英国人在不知情的情况下食用了他们钟爱的动物，在该案件中采用了传统的掺假方法：用较便宜的材料替换较昂贵的材料。一些人将病死的马身上的肉走私到英国，由于价格便宜，一些人用这些肉制作成深加工包装食品。由于供应链较长，人们很难发现食品材料被替换。《卫报》（*The Guardian*）的调查记者在爱尔兰进行了一项随机测试以及跟进测试，最终他们发现了这一掺假行为[15]。但是，由于从原则上讲马肉是一种安全食品，这桩丑闻最重要的影响是冲击了人们的信念：人们原以为自己知道吃的是什么东西。

或许这种信念理应被动摇。肉类掺假丑闻非常普遍。1995年，美国佛罗里达州农业局的一项研究发现，在他们测试的所有肉制产品中，其中 16.6% 的产品中违规肉类含量超过 1%。2006 年，土耳其的一项研究发现 22% 的肉类样品存在掺假。中国也有肉类掺假问题。例如给扇贝注水，这种做法可以增加重量，从而提高价格[16]。

为了理解这种替代行为的发生条件，需要研究这类行为的共同之处。对于这种掺假行为，为了取得回报，被掺假的食品必须价格昂贵。如果食品需要集中加工，比如调料或牛肉糜，则更容易进行掺假。如果各家企业的产品都存储在一起，比如橄榄油，则替代和切碎掺假会变得更加容易。

关于这类造假，其他常见的动因包括行业内部激烈的竞争。竞争促使生产者"抄近路"，如果竞争对手这样做，他们也会这样做，如果他们的价格不具备竞争力，那么就可能破产。如果他们的产品不具备唯一性，即消费者认为所有橄榄油都是一样的，或者，消费者无法分辨不同牛肉糜之间的差异，那么就更可能出现这种情况。某种食品的市场越大，无良商家就越容易在大量出货的产品中偷偷掺入替代成分。

2.2

供应链环节

从历史上看，供应链越长的食品越容易掺假，比如茶叶和胡椒粉。但是，在今天，大部分食品的供应链都很长，因此，越来越多的食品容易受到掺假的影响，因为对于这么长的供应链，很难进行品质监管。如果食品在从生产者运至消费者手中之前几经转手，那么更容易出现各种造假。在各种全球性食品供应链中存在着各类小供应商，即使发现造假，消费者和政府也很难找到责任方。

蜂蜜就是一种很容易掺假的产品，因为牵涉到许多中间商。例如，2010年，欧盟就有620000家养蜂企业，其中许多企业并不是专业养蜂企业[17]。这些企业将他们生产的蜂蜜卖给各类加工方和批发商，有时候也会出售给进口商，然后由零售商出售给消费者。不同国家的蜂蜜标识规定不同，但是，由于供应链非常长，全球出售的大部分蜂蜜总会在某些环节上发生掺假。2011年，相关部门对美国食品杂货店出售的蜂蜜进行了抽样检查，结果发现75%的产品存在掺假[18]。

蜂蜜作为一种相对昂贵的产品，可以通过各类甜味剂进行掺假。其中包括玉米糖、甘蔗糖、甜菜糖，甚至枫糖浆[19]。蜂蜜过滤是一种普遍接受的蜂蜜加工工艺，可以去除有害沉淀物，但是，对于热辅助工业过滤工艺，如果温度过高或者时间过长，则可能改变蜂蜜的基本成分。蜂蜜注水危害极大，会导致蜂蜜发酵，但是，由于注水可以增加重量，对于中间商而言，这种做法仍然有利可图[20]。对于蜂蜜而言，最容易并且利润最高的掺假可能是将廉价蜂蜜掺入高价蜂蜜中（或者进行虚假标识）。

即使在合法掺假的情况下——通常指在标签中列示额外成分，因而并未进行虚假标识——这种做法仍然会产生干扰作用。蜂蜜的味道反映了蜂蜜生产地区的特点。通过工业化方式制作的掺假蜂蜜，其味道往往也平平无奇，没有特色。尽管如此，许多消费者都愿意购买这种蜂蜜，因为这种蜂蜜价格较低，或者可以用更低的价格购买更多的产品，这对于消费者而言非常具有吸引力。遗憾的是，消费者可能非常满意这种次等产品，因为蜂蜜中掺入糖类后可以满足他们对甜度的要求，即使因为生产区域不同所造成的蜂蜜口感上的细微差别都被掩盖了 [21]。

在我们进一步分析全球食品供应体系的成本之前，必须记住除了降低最终产品的价格外，这种食品供应体系还有另一个好处。随着全球化的出现以及随之而来的贸易的扩大，温带地区的人们不再需要花费大量时间寻找和生产食物。如果无法从其他地方进口食品，那么世界上任何地区都无法满足当前人口水平下的食物需求。虽然目前存在虚假标识以及其他一些更加危险的掺假现象，但某些产品掺假并不应完全归罪于食品供应体系，虽然这种食品供应体系更容易导致食品掺假。

我们应该考虑替代方案。为了准确了解我们吃的到底是什么东西，我们必须亲自监督食品生产。从逻辑上说，这是不可能的。相反，我们只能相信食品经销商和生产者不会欺骗或毒害我们。生产者主要通过营销手段让自己站得住脚。例如，食品生产者会通过宣传唤起人们对某种传统食品生产方法或者某个知名产地的回忆。广告会让消费者忘记食品在到达他们手中之前在供应链中经历的所有环节。对批发商和中间商的美化本身就是一种自相矛盾的做法，他们的存在甚至从未得到承认。

2.3

标签

食品生产者培养消费者信任感的另一种方式是通过标签。假设某种比较便宜的原料并不影响健康，那么如果使用这种原料进行替换并且在产品标签上进行标注，这在道德上讲是可以接受的吗？这是一个文化问题，不同国家面临的具体情况也不同。人们想要了解更多的信息，但是否大部分消费者都能理解甚至阅读食品标签，这个问题有待商榷。关于信息披露是否可以为掺假开脱，法律规定只提供了一个切入点。另一个切入点是不同文化对于食品中应该具有哪些成分和不应该具有哪些成分的期望是不一样的。

果汁就是一个非常好的例子。果汁作为一种饮料，无论在什么地方，都存在果汁的实际制作过程和标签上标明的信息不一致的情况。1993年，《纽约时报》（*New York Times*）通过调查相关法律案件发现，在美国出售的果汁中，有10%存在非法掺假情况，大部分是掺入过多的糖类，或者是"掺水"橙汁[22]。在北美地区，苹果汁和橙汁是经常发生掺假的食品[23]。曾经有人起诉可口可乐公司，声称该公司出售的一款名为"石榴蓝莓汽水"的饮品中含有极其微量的水果成分。可口可乐公司胜诉[24]。这让我们不禁思考美国主管机构对"掺假"的定义是什么。一种果汁的合法成分可以通过许多不同的方法确定。尽管在美国有时候出售同标签信息不符的果汁是合法的，但这种做法并不一定合理。

在美国，大部分果汁的主要成分都是苹果汁，因为这种果汁最便宜[25]。例如，一款标注为"100%果汁"的"蔓越莓果汁鸡尾酒"饮品可以包含葡萄汁、苹果汁和梨汁，只要在成分表中注明就可以了[26]。从法律上讲，"100%"仅代表这款饮品完全用果汁生产，而并非像产品名称中所暗示的那样这是一款纯蔓越莓果汁。一方面，这里肯定存在欺骗。另一方面，许多消费者可能会觉得纯蔓越莓果汁太苦了或者太贵了[27]。虽然消费者并不觉得这种掺假不可接受，但他们依然可能会感到意外。

相比较而言，欧盟关于果汁成分和标识的规定就严格得多[28]。2012年，欧盟通过了一系列法规，其中明文规定"果汁成分必须清楚地反映于产品名称"。依据该规定，上述蔓越莓果汁鸡尾酒必须将名称改为"蔓越莓 - 葡萄 - 苹果 - 梨"鸡尾酒。这些新颁布的法规甚至适用于瓶罐标签上的图片：如果这种蔓越莓果汁鸡尾酒的产品标签上只有蔓越莓的图片，那就是违法的，因为可能误导消费者。这些法规同样禁止向果汁中添加糖类[29]。

上述果汁标识规定的对比的目的是识别美国和欧盟在产品生产和营销欺诈方面不同的文化侧重点。一位橄榄油生产者在总结FDA对本行业造假行为的反应时说道，"只要产品没有毒性，你就可以按照自己喜欢的任何方式出售产品……是否要购买产品那是消费者自己的选择。"[30] 这是美国典型的以市场为导向的思维方式，纵使市场的高效运行需要参与交易的各方都充分了解相关信息。尽管如此，FDA的资源有限，因此他们选择聚焦对健康威胁最大的掺假行为，以便最高效地利用国会提供的有限资金。

在打击食品掺假方面，中国采用类似的优先级，按照消费者面临的风险大小确定工作重点。一项研究调查了中国各类食品掺假的具体比例，结果发现，中国媒体报道的受污染产品销售和食品非法成分添加案件比例较高[31]。由于中国在过去十五年曝出了一些食品安全事故，在食品供应方面投入的关注和资源主要用于解决这些问题，其代价就是简单的食品造假行为仍然存在[32]。

另一方面，近些年，欧盟投入了更多的资源打击非致命性食品掺假行为。英国马肉丑闻发生后，对于欧盟境内出售的食品，欧盟和许多欧盟成员国加大了对虚假标识的打击工作。欧盟投入大量精力研究相关措施打击成员国内的食品造假行为，并且已经开始收集更多的统计数据，以了解各类食品造假的发生频率。在英国，目前越来越注重预防，而非在问题发生后进行应对[33]。

2.4

混合和掺杂

将食品中的部分成分替换成更为便宜的成分而不告知消费者，这属于食品掺假。如果你告诉消费者食品中的某些成分被替换为更加便宜的成分，则属于混合。"你无法轻易地培育出新水果，"弗朗西斯·摩尔·拉佩在其经典著作《一座小行星的新饮食方式》（*Diet for Small Planet*）（1971）中写道，"如果你想要获得无限种颜色、口味和形状，那么就需要进行更多的加工以及使用更多的食用色素和食用香精。"[34] 严格意义上讲，只要明确告知消费者，这就不能算作掺假。但是，同掺假一样，这同样需要向食品中添加一些非天然的东西。即便如此，消费者仍然不知道到底混合了什么东西。

调和威士忌是混合产品的经典例子，调和威士忌可以追溯到二十世纪初，当时蒸馏酒生产者发明了一种方法可以缩短自然老化过程，更快地生产威士忌。这种方法让这些生产者能够以比传统蒸馏酒生产者更低的价格出售产品。例如，在苏格兰，调和威士忌指基于一种谷物酒使用不同酿酒厂生产的多种麦芽酒调和而成的饮品。这种威士忌度数更低，口感更好，比单一麦芽威士忌更受欢迎[35]。在美国，由于比纯威士忌便宜，调和威士忌近些年来越来越受欢迎。无论消费者是否知道不同威士忌酒之间的区别，只要他们喜欢，就可以假定并未损害消费者的利益。

有时候，人们并不知道他们吃的东西是否是不同食品的混合物。例如，卵磷脂是一种乳化剂，以往通常从蛋黄中提取这种物质。现在一般通过大豆生产。由于大豆具有这个功能，今天各类食品中都有大豆的身影，无论是巧克力还是人造黄油。对于那些了解食品科学的人而言，通过查看成分表就能知道该产品是否含有大豆，但对于大部分消费者而言，如果他们得知大豆在常见食品中发挥着如此重要的作用，他们会非常震惊。卵磷脂对于食品生产者而言非常有用，对于消费者而言却并非如此[36]。向工业巧克力中掺入大豆并非掺假，因为如果没有大豆就不会有工业巧克力。消费者一般会接受工业巧克力，他们的反应至少部分取决于他们是否知道这种产品是如何生产的。关于这些食品，消费者需要了解多少信息？这并非一个法律问题，而是一个文化问题。这个问题的答案因国家和食品类型的不同而不同。

你还可以借助化学品向产品中混入一些并非天然存在的味道，或者将同一种食品的不同部分混合，得到一种更加稳定因此也更加畅销的产品；这同样会改变口味，甚至可能改善口味。尽管从严格意义上讲这种行为可能属于掺假，但是只要不欺骗消费者，他们同其他的掺假行为就有本质区别。或许我们应该依据具体程度给这些行为进行分类，一端是轻微的有益改变，另一端是欺骗性的掺假。关于哪些改变是合法的以及哪些改变是社会可以接受的，不同国家和不同时代关于这个问题的回答也不同。

第 2 章　部分替代

天然橙汁是一种非常不稳定的产品。不同品种的橙子其味道和气味非常不同，甚至水果生长在果树哪一侧都会影响其口感。生长在果树高处的水果比长在靠近地面的水果更甜。生长在果树外侧的水果比内侧的更甜。因此，人们需要用大桶收集橙汁，然后在实验室中进行调和，以此改善其口味同时提高某一品牌产品口感的稳定性[37]。换言之，所有商业橙汁都是调和橙汁。虽然消费者不知道其是调和而成，但正是这种方法让橙汁实现了商业化。

同橙汁类似，牛肉糜也是通过将牛身上的许多不同部位的肉混合在一起生产出来的。其中大部分来自肉用公牛身上的比较便宜的部位，这样可以降低最终产品的成本。为了生产牛肉糜，需要将肉用公牛身上的各类廉价肉混合起来，然后用机器将其处理均匀[38]。如果加工的是被污染牛肉，那么可能会严重威胁公众安全。美国政府官员估计一头病牛可以污染8吨牛肉糜[39]。但是，同其他牛肉碎食品相比，牛肉饼既方便又便宜。

用更便宜的肉类（比如鸡肉）替换牛肉糜属于非法行为（除非进行明确标识），因为这种食品不再是牛肉糜。向牛肉糜中掺入水和大豆等掺杂物，并且在标签中进行说明，这种行为是合法的，可以降低牛肉糜的生产成本。产品掺假很难通过肉眼观察发现。非法牛肉糜掺假同样很难发现，欧洲食品安全局允许牛肉糜中最多掺入1%的其他肉类，其目的是允许屠宰场在经营过程中有一些不可避免的马虎行为，因为可能很难将之前加工的肉类从机器中完全清理干净[40]。

热狗香肠同样是一种肉类混合食品。热狗香肠通常是由猪和牛的各个部位制成的，消费者无法单独买到这种肉。这些肉经过乳化处理后变成液体，然后加入水和调味剂，最后利用机器倒入人造肠衣中。美国是热狗的发源地，在美国，热狗香肠生产所使用的动物部位现在必须在标签上进行标注。但是，这项规定对于棒球比赛场和热狗摊而言并没有约束力，尽管这些地方会出售大量热狗[41]。

在这些混合食品中，某些食品造成的问题更为严重。2018年，美国的一家大型乳业公司（该公司同时生产杏仁乳）不小心向一批杏仁乳产品中掺入了一箱牛奶，最终导致该公司从28个州召回了150000箱产品[42]。同样地，理查德·埃弗谢德（Richard Evershed）和尼古拉·坦普尔（Nicola Temple）在他们合著的一本关于食品造假的重要著作《牛肉分类》（*Sorting the Beef from the Bull*）（2016）中写道英国某些人吃的那些贴着羊肉或鸡肉标签的食品可能是猪肉，这为我们敲响了警钟[43]。为什么生产者主动承认错误并且召回产品，主要原因是害怕失去消费者。这同健康并没有太多的关系，而是关乎信任。关于食品混合，消费者对产品的期望非常重要；在那些对于食品纯度期望较低的文化中，比较容易进行掺假，只要人们能够接受最终产品的口感就行。

使用劣等但无害的原料替换产品的某些成分本身并不会造成伤害。但是，如果整个食品供应链中掺假问题比较严重，人们吃到的掺假食品太多，那么就无法获得合法食品提供的营养成分，这会造成严重危害。例如，在孟加拉国，营养不良和疾病非常普遍，人们往往将其归罪于无良生产者和中间商的食品掺假[44]。贫穷所导致的一个问题就是缺少健康新鲜的食物。在这种情况下，掺假往往是饮食不良的征兆，而非原因。

大部分食品掺假和食品造假并不会对食品安全产生不利影响，但是掺假有时会造成严重疾病甚至死亡[45]。造成死亡当然比单纯地欺骗消费者要严重得多。但是，对于向食品中添加物质这种行为，什么样的风险水平是可以接受的？对于这个问题，在各类文化中都有着长期争论。那些显然会导致疾病或死亡的有害食品掺假获得的关注要多得多，但是，关于对食品的态度以及政府在食品监管中应发挥什么作用，只有那些灰色地带才能更好地揭示出不同文化间对于这两个问题的回答的差异。

第 3 章

被污染的食品

Food Adulteration
and Food Fraud

1968 年，《新英格兰医学期刊》（*New England Journal of Medicine*）刊发了国家生物医学研究基金会的郭浩民（Robert Ho Man Kwok）博士的一封信。他声称中餐让他感到头痛。这封信发布后，一些读者来信称他们或者他们的家人也有过类似的症状。郭博士列举了一些可能的原因，之后一项名为"中餐馆综合征"的研究重点对谷氨酸钠味精（MSG）进行了研究。一项研究显示，如果直接向小老鼠皮下注射大量谷氨酸钠味精会导致肿瘤。因此，一整代美国人都被这种天然存在的物质吓坏了，其实许多食品中都有谷氨酸（同谷氨酸钠相比缺少一个钠离子），比如干蘑菇和酱油[1]。

后续的研究明确显示，对谷氨酸钠的担忧是站不住脚的[2]。虽然上述研究已得出结论，但人们仍然对谷氨酸钠味精存在偏见，正如许多人指出的那样，这种偏见是种族歧视导致的，因为许多人愿意吃多力多滋（含有谷氨酸钠味精），但是却不愿意吃用谷氨酸钠味精做的菜[3]。另外，中国厨师以及主妇经常会使用谷氨酸钠味精，就像盐和醋一样常见[4]。这种调味品的文化背景可以解释为什么一些人会头痛，但并未解释这种化合物的固有性质。讽刺的是，美国人以往担心中餐中使用的谷氨酸钠味精，但中国人现在却担心美国快餐中使用的配料。许多中国人都把并非通过传统农业方法制作的食品视为掺假食品，无论这种食品是产自美国还是本国[5]。

他们觉得现代食品供应中使用的一些添加剂有毒，尽管事实并非如此。部分添加剂确实具有毒性。大部分情况下很难区分这两类添加剂。例如，砷是一种有毒的元素，许多天然食品中都含有非常微量的砷。但即使含量极低也具有毒性。由于这种化学物质的工业化使用，全球各地土壤中的砷含量不断增加。2009年，人们在植物和鱼类身上发现了砷元素，导致欧洲食品安全局（EFSA）在 2009 年调低了每周可耐受摄入量。在美国，FDA 并未对此作出反应[6]。

对于食品中的化学物质，如何区分合理的担忧和不合理的恐惧，关键要看该物质对食用者造成不利健康影响所需的阈值水平。例如，2018 年，美国环境工作组进行了一项研究，结果在美国人食用的早餐麦片中发现了除草剂产品 Roundup 中使用的草甘膦。"在考虑毒性时，"记者苏珊马修斯（Susan Matthews）写道，"关键问题在于剂量。"[7]或许食用少量的有毒物质并没有什么问题。但实际上，那些在高剂量条件下具有毒性的物质在人类的饮食中扮演着重要角色。例如，肉豆蔻和欧芹中都含有肉豆蔻醚，如果大量摄入这种物质，则会引起头痛。摄入量越多，则越危险[8]。

不同物质具体的安全摄入量也不同。马修斯解释称：

一种物质是否具有危害直接取决于其摄入量。只要剂量足够高，那么任何物质都可能是有害的，如果剂量足够低，则即便"有害"物质也不会造成危害。因此，对于可能具有危害的化学物质，监管部门会评估出一个可能导致危害的阈值，然后据此制定相关法规[9]。

美国环境保护署规定草甘膦的摄入阈值约为每天 140 毫克。环境工作组发现麦片样品中的草甘膦含量约为该规定值的百分之一[10]。

全球各地的新闻在报道食品掺假时往往将欺骗性替代同具有严重健康危害的食品污染混为一谈。某件事情听上去不好并不一定意味着一定有危险。讨论最危险的食品掺假行为可以吸引人们关注这个问题，但是，为了准确预测风险，不仅要考虑剂量，还要考虑毒性程度。危险的食品掺假确实存在，但是并不是所有的食品掺假其危险程度都一样。因此，为了理解食品掺假造成的真正风险，必须将上述情况同合法的部分替代以及食品添加剂的使用区分开来。

现在越来越容易向各种食品中掺入一些可能并不完全健康的成分。这些成分可以让食品能够保存更长时间或者改善食品的味道让消费者难以抵抗，但是，如果消费者不了解这些添加剂对健康的长期影响，则他们就无法权衡相关的成本或收益。消费者如果并不清楚自己吃的到底是什么东西，他们可能会继续食用商店里出售的食品。

食品添加剂有许多重要用途。食品添加剂可以改善产品质地，提高食品科学家所称的"口感"。食品添加剂可以防止食品腐烂，增加保存时间。人造色素能够让食品看上去更加具有吸引力，还可以防止食品颜色随着时间推移而发生改变。最重要的添加剂或许是人造调味剂，它们可以让一些食品尝起来味道"更好"。人造调味剂可以掩盖食品中一些不好的味道[11]。

所有食品都含有化学物质。有些是食品中天然就有的，有些则不是。关于哪些食品添加剂是消费者可以接受的（甚至是受消费者欢迎的），哪些食品添加剂可能被视作掺假，不同文化中人们的回答也不同。对于一个在食品方面更加注重健康的社会，人们更愿意承认以下事实：如果不考虑食用量，则无法判断某种食品对自己的健康而言是好还是坏。如何设定相关阈值呢？有些社会更侧重方便性和价格，而非风险。有些国家的法律体系则更看重企业的利益，而非消费者的利益。有些地方的消费者能够食用的可疑食品种类有限，因为它们并没有其他选择。有些地方的情况则完全不同。关于针对恶性食品掺假所颁布的法律以及执法力度，不同文化之间也存在不同。

有些文化更看重大部分食品添加剂的好处，而非它们的危害。关于人们对于添加剂的接受度，另一个重要的影响因素是所处文化对风险的容忍程度；如果人们对某种添加剂的健康影响存有疑虑，有些文化更容易接受这种风险。一种文化对于食品成分的态度越保守，则越有可能禁用添加剂或者设定极低的使用阈值。世界各地都有消费者担心食品中使用的化学物质（包括天然的化学物质）。有时候这种担心是完全没有道理的，有时候这种担心并非毫无根据。

3.1

有毒物品

随着食品生产同其他全球性经济部门一起实现了工业化，危险的工业化学品越来越多地进入食品当中。所有文化都不会接受任何会对消费者造成直接可见伤害的掺假。例如，2003 年至 2005 年期间，在英国各地出售的调料（比如辣椒粉）中都发现了有害的人造红色色素。这最终导致了该国历史上规模最大的食品召回事件。1985 年，奥地利葡萄酒被查出非法添加二甘醇，导致该国的葡萄酒出口产业遭受重创。在召回前，这些被污染的葡萄酒已经流入了十个国家[12]。

1981 年，马德里郊区的居民因严重的胃痛症状前往医院就医。

医生判断是这些居民食用了一种廉价的食用油，当地有人曾上门推销一种廉价橄榄油。这种橄榄油中掺入了一种有毒物质，这种物质本来只能用于工业用途。经过调查发现这批橄榄油产自法国。一名苏格兰中间商向橄榄油中掺入了这种有毒物质。这种物质引起的疾病被称为"毒油综合征（TOS）"[13]。这桩丑闻尤其体现出这类事件的一些特点：这类事件可能难以找到原因，这类事件通常具有国际性，可能难以确定受其影响的总人数。

在上述毒油综合征案件中，许多犯罪者被逮捕和起诉，但对于许多其他类似事件，其具体原因往往依然调查不清[14]。有些事件属于蓄谋的生物恐怖主义行为，但并非所有事件背后都有像《007》电影中的坏人那样的人在组织，试图毒害数百万人的生命。有些人担心恐怖分子可能会袭击西方国家的食品供应体系，全球许多国家都收到过食品供应安全方面的威胁[15]。这些事件只有很少被记录在案，但这种担心在这个工业化的世界中普遍存在。

同恐怖分子相比，国际犯罪集团更可能进行有计划的食品掺假犯罪，近几年，国际犯罪集团越来越多地参与食品犯罪。他们的动机只是赚钱，而不是制造恐慌。幸运的是，以获利为目的的有组织犯罪更倾向于在不伤害任何人的情况下进行食品掺假，以此获利。这些犯罪集团主要的兴趣在于对价格高昂的食品进行掺假，因为这样最赚钱。为了确保成功，他们必须避免毒害人类，否则，未来可能会面临被调查和加重处罚的风险[16]。

如果以赚钱为目的的犯罪行为造成悲剧，则会引起巨大麻烦。违法者通常并不清楚他们所使用的掺杂物的影响，而且并不是总能知道使用危险原料进行食品掺假所面临的风险。如果无知的农民对作物使用的杀虫剂过多，也会面临类似的情况。残留的杀虫剂会进入食品当中，最终流入供应链。对于上面两种情况，无论食品供应链中采取什么样的质量保证措施，都将是无效的。除了悲剧事件外，这还会带来一系列现实的食品安全风险。但是，有时候结果将是悲剧性的，会全面波及消费者的健康和整个产业的经济命运，因为食品掺假在对整个食品供应链造成广泛影响前无法被发现[17]。

中国的三聚氰胺奶粉事件广为人知。刚开始只是替代掺假（用水替代牛奶），后来，一家牛奶供应商在不了解相关风险的情况下为了提高稀释牛奶中的蛋白质水平开始使用三聚氰胺。2008年9月，中国政府召回了中国最大的乳品生产商生产的婴幼儿配方奶粉。此次事件波及多家乳品厂。由于婴幼儿配方奶粉中掺入了一种在胶黏剂中常用的工业化学物质三聚氰胺，很多孩子遭到毒害。在食品中使用三聚氰胺可以提高仪器检测出的蛋白质含量，但三聚氰胺会造成肾脏损伤[18]。在这起事件中，有孩子死亡，许多婴幼儿入院治疗[19]。

如果摄入极少量的三聚氰胺，可能不会对健康有太大影响。实际上，某些包装也会向食品中掺入微量的类似物质。但是，在上述事件中，奶粉中的三聚氰胺和三聚氰酸（三聚氰胺生产过程中的副产品）混合后会发生反应，生成不溶性晶体，造成肾脏损伤。2007年，美国宠物食品也发生过相同的事情[20]。

中国乳品供应链的复杂性是这起事件发生的必要前提。虽然当时中国有许多现代加工厂，但这些工厂都依赖大量的小型生产者提供牛奶。虽然这有助于加工方满足不断增长的市场提出的各种需求，但同时也导致供应商们越来越难以检查他们接收的产品的质量和安全性[21]。

针对中国市场上出售的其他含有三聚氰胺的乳制品的国际警告，严重打击了中国乳制品出口市场[22]。从长期来看，无论一家公司通过使用便宜原料可以赚取多少利润，如果并不是非常了解使用的掺杂物，那么这种掺假可能造成的危害范围将会非常大，导致所有相关方都会受到危害。

　　随着全球化的发展，这类事件并不仅发生在中国这样的新兴工业化国家。2005 年，意大利的一家食品实验室告知英国政府从印度进口的辣椒粉已被一种色素苏丹红一号污染，苏丹红一号是一种公认的致癌物。虽然这些辣椒粉在进入英国市场前已经经手过七个不同的供应商，根据当时刚刚从欧盟引入的食品溯源法规，英国最终调查出英国市场上的伍斯特辣酱使用了这种辣椒粉。2009 年至 2012 年间，人们在许多食品中发现了苏丹红一号以及其他非法色素，包括咖喱粉和棕榈油[23]。

3.2

意外投毒

　　对于各类掺假行为，人的主观意图至关重要。虽然被有意毒害的人其症状可能同意外中毒的人一样，但是在制定相关预防政策时必须理解为什么他们会中毒。为了防止有意掺假，相关惩罚措施必须与罪行相符。如果罪行非常严重，则惩罚必须具备威慑性。然而，一些无意的行为也可能造成类似的结果。从消费者的角度看，这些掺假没有什么不同，但是从政策的角度看，他们有明显的不同。为了制定相关政策防止这种掺假，需要确定可接受的风险水平以及一套检查制度用于落实标准。如果国际食品供应链出现食品安全问题，则可能很难解决。因为即便进行了检测，也可能很难发现潜在的严重问题。

　　许多食品安全悲剧都是由一些同自然环境相关的原因导致的。这类食品污染事件同故意投毒的影响类似，但并非是故意的。对于许多食品而言，这种意外掺假可能会造成严重的问题。2008 年，二噁英事件导致意大利那不勒斯地区附近的水牛奶酪生产商们的销售遭遇严重打击。这次事件的起因是本地黑手党排放有毒废料；二噁英渗透进土壤中，污染水牛牧场的土地，进而污染牛奶，最终污染了由牛奶制成的奶酪 [24]。

　　被重金属污染的土壤会产生毒素并污染食物，但如果没有非法倾倒，污染程度会非常低。许多农作物都会从土壤中摄取金属并储存于体内。我们可以轻松列举出食品中存在的其他许多这样的化学物质，之所以允许食品中存在这些物质是因为全球许多国家的政府都认为食品中存在微量的此类物质所导致的相关风险是可以接受的。但是，人们在世界各地的食品中都发现了二噁英这样的工业化学品，并且其含量达到危险水平。多氯联苯（PCBs）是在食品中发现的另一种含量达到危险水平的工业污染物，但其并不是在食品生产流程中掺入的。我们每顿饭都可能面临着多氯联苯中毒的风险 [25]。

　　鱼类，尤其是寿命较长的大型鱼类（比如金枪鱼），通常体内会积聚有毒重金属，比如被人类倾倒进海洋中的水银。如果吃了这种鱼，你同时也吃下了鱼类体内的有毒物质 [26]。鱼类通过食用植物会间接地摄入杀虫剂 [27]。鱼类还会把通过污染物或者废水进入海洋的塑料碎片误当成食物。塑料本身并不会对人类健康产生严重影响，但是塑料生产中使用的危险化学品会严重危害健康。这些有毒物质可能会被鱼类吸收，当我们吃了这种鱼之后，这些物质会进入我们体内[28]。

日常使用的塑料都含有化学物质，比如双酚 A（BPA）和邻苯二甲酸盐。越来越多的科学证据表明，这些物质会影响人体激素，这意味着它们对人体健康的影响虽然缓慢但却深远。这些潜在危险物质可能会进入到食品中，尤其是当我们加热使用此类物质制作的食品容器时。即使你只用玻璃容器存放剩饭剩菜但不用微波炉重新加热，你也很难避免这类化学物质的影响。在你食用食物前，有很大可能食物已经进行过储存、摆盘和加热[29]。这类物质的影响可能很难进行评估，因为这种影响无法很快显现出来并且人们对其了解很少，很难衡量它们给全球消费者造成的风险。

依据污染事件的相关报道，因食用被污染的食品而突然患病的实际风险极低。这并不像被毒蛇咬了那样，和阿加莎·克里斯蒂（Agatha Christie）小说中的受害者的情况也不同。人们很少会因为食用了毒性成分或者工业毒物而当场死亡。小剂量危险物质的危害在较长时间之后方能显现出来。食品安全监管严厉的国家同监管不严的国家的不同在于对风险的容忍度。我们每天都会摄入微量毒物。食品安全制度严格的国家会制定相关法律将这些物质的用量限制在极低的水平上。

同长期接触农药导致的疾病相比，微生物导致的食源性疾病要严重得多并且更加常见。在美国，大部分导致住院治疗和死亡的食源性疾病都是在家中处理和烹饪食材不当造成的，而不是生产或运输过程导致的。冷藏不当，忘记洗手，未能认真清洗砧板导致食品交叉感染：在食品供应链末端所犯的这些错误同在供应链刚开始时犯的错误相比更有可能导致消费者患病，无论食品供应链有多长[30]。

3.3

发展中国家食品掺假的危害

　　文化人类学家哈里斯·所罗门（Harris Solomon）讲过一个在印度消费者中广泛流传的有关食品加工的故事。Puffies 是一种玉米制成的零食，这种零食装在塑料袋中出售。所罗门说有一次在他访问印度的时候听过一个谣言，说 Puffies 是塑料做的。实际上，他在网上看过一些视频，在这些视频中一些消费者会焚烧这种零食，目的是"证明"它们是塑料做的。对于许多人而言，这些视频让他们相信这个谣言是真的。虽然生产 Puffies 的那家跨国公司申请了一项法律禁令，但却未能阻止人们反复进行这种实验[31]。

　　这些抗议活动的目的并不是想搞清 Puffies 是否是塑料做的，因为火焰具有象征意义。所罗门写道，"这些火焰反映出当我们想要彻底调查因不安全的饮食而长期遭受伤害的身体的实际情况时所面临的种种限制。这些焚烧表明人们不希望再发生食品掺假。这些抗议活动的背后并非塑料问题，也不是这次事件，更不是饮食问题，而是不信任。"[32] 如果你生活在一个掺假是常态的社会，那么就能理解这些抗议活动的意义。由于印度食品供应体系存在大量其他不受欢迎的掺假行为，一些人再也无法忍受那些深加工零食，在自然界中根本没有类似的食物。在印度，不管干不干净，每个人都要喝水。是否食用 Puffies 完全取决于消费者的意愿，饱受食品掺假困扰的消费者可以利用这种行为进行反击。

中国三聚氰胺奶粉事件反映了中国食品掺假问题的严重性，强有力的政府监管有助于扼制该事件的持续影响。由于国家幅员辽阔，食品生产者众多，确保所有食品生产者均严格按照食品安全法律生产并销售产品难度极大。直接从知名的供应商手中购买产品的私营企业有助于保证向具有负担能力的人们稳定地供应非掺假食品。中国生产商需要服务庞大的出口市场，这同样有助于改善掺假问题[33]。在其他发展中国家，掺假问题可能严重得多，主要原因是食品生产和销售活动不规范且规模较小[34]。因此，在这些国家中，大部分贫困者食用掺假食品的机会增大。

值得注意的是，印度针对食品掺假的法律同样非常严格。但是，印度仍然存在不少食品掺假行为。根据所罗门的评估：

印度的食品掺假较为常见。谷物在粮仓中腐烂，仓库变成导致新型食品污染问题的实验室，出口配额并未解决稻米掺杂石子的问题，牛奶经销商因为供应短缺或者贪婪而向牛奶中掺入水和滑石粉[35]。

生活条件困难，可能很难保证食品安全，但是故意掺假在印度同样泛滥成灾，导致原本就难以解决的掺假问题更加棘手。自相矛盾的是，同那些反掺假机制有效得多的国家中的消费者相比，政府执法不力至少令某些印度消费者对自己所食用的食品的了解要清楚得多。如果你因为吃过掺假食品而切身体会到掺假食品的危害，那么同那些食品供应更安全的国家中的消费者相比，你可能更不愿意推动形成一种支持制造或仿造食品的文化氛围。

孟加拉国、巴基斯坦和其他发展中国家也有类似的情况。在孟加拉国，销售和生产食品的地方都有食品掺假问题，比如食品生产者、饭馆、美食街和食堂、餐厅以及快餐店[36]。据报道，64%的食品生产者和销售者会使用化学物质改善产品的外观，让产品看起来更加新鲜或者降低产品价格。其中75%的人知道这种行为可能损害消费者的健康[37]。2014年，孟加拉国政府开始打击使用甲醛气体进行水果保鲜的行为。虽然这种气体能够让易腐产品保存更长时间，但它同时也是一种天然致癌物，在大部分国家使用这种物质都是违法的。在孟加拉国使用这种物质同样违法，但是，在该国出售的水果中检测出的这种物质的含量是其正常背景值的1500多倍[38]。

在巴基斯坦，一些食品面临掺假问题，包括水果、蔬菜、畜肉类和禽肉类。"卡拉奇和拉合尔是巴基斯坦最大的两座城市，人口达数百万，"一篇研究该国食品掺假严重程度的报纸报道称，"在这些有利可图的市场上公然出售造假和掺假食品。掺假导致人们遭受疾病的折磨。"[39]

如此严重的掺假现象危害极大，因为食品中掺入的物质会损害健康，同时，掺入的物质可能导致食用者无法获取未掺假食品中存在的营养。在孟加拉国，60%的人口存在营养不良，其中部分原因就是食品掺假，因为各类食品都可能掺假，从饼干到冰激凌[40]。食品掺假对儿童的伤害尤为严重，食品掺假直接导致儿童患上心脏、肝脏和肾脏疾病[41]。

现代化学让食品掺假变得简单得多，同时，同以往那些甚至最为严重的掺假相比，现代化学可能会让掺假变得危险得多。如果在监管不力的国家中借助此类化学工艺进行食品掺假，那么造成的致命性伤害的结果可能比在欧洲国家和美国要高得多。例如，在印度，姜黄根经常被涂上一层有毒的铬酸铅让黄色更加鲜艳。不识字的农民看不懂杀虫剂使用说明，因此不能正确地对农作物使用杀虫剂，导致牛奶中经常会有杀虫剂残留。在其他领域受严格监管的工业化学品最终出现在全国各地种植的作物中，因为各类工厂都在肆无忌惮地排放有毒污染物[42]。

尽管几乎每个人都能发现那些显而易见的掺假现象，但是如果你不识字，那就很难发现各类现代的掺假行为，因为你根本不知道自己买的是什么东西。一项研究发现，能够识字的印度女性（在印度，主要由妇女负责食品采购）买到掺假食品的可能性要低很多。这项研究的作者解释称，"消费者可以借助食品标签做出健康且知情的选择，这是他们的权利，他们有责任……读懂食品标签。然而，一项调查显示，只有59%的消费者能够读懂标签。"例如，具有识字能力的妇女购买密封包装食品的可能性要低很多，这有助于避免掺假食品，他们的家人因食品掺假染病的可能性也比较低[43]。

由于全球违法者且环境污染物很多，我们无法完全避免吃到受污染的、合成的或者掺假的食品。明智的人都会承认人们不可避免地会通过食物摄入一定量的有毒物质。问题是这类物质的可接受量是多少。文化不同，这个问题的答案也不同。不同文化对完全替代或虚假标识的态度并无不同，因为人们不允许针对出售的产品撒谎。但针对此类行为的处罚力度却各有不同。

第 4 章

仿造食品和完全替代

Food Adulteration
and Food Fraud

第一次世界大战开始时，英国海军封锁了德国，导致德国很难进口许多食品。面对食物短缺，德国人试图使用现有的原料生产食品。例如，他们用土豆制作面包。政府认证了837种替代香肠。还有用大米制作的"羊排"以及用菠菜制作的"牛排"。这些新型食品被称为"代用"食品。随着战争的继续，食品替代越来越极端。例如，到战争结束时，原来使用菊苣根制作的代用咖啡已经开始用烤坚果进行制作，然后用煤焦油进行调味[1]。

在一战开始前，"代用"食品仅仅指替代食品，但在一战期间，这个词开始用于指代造假和劣质食品[2]。一方面，这种替代不应该视为食品造假。例如，尽管德国宣传者试图鼓吹这些代用产品反映了德国现代化所达到的新高度，但所有人都知道商店出售的咖啡实际上并不是咖啡。在一战结束时，德国民众非常高兴又能吃到正常的食品。另一方面，在推广代用食品（比如使用果酱作为主菜）方面之所以取得了一定的成功也反映了德国民众容易被愚弄[3]。

今天，食品造假的目标是欺骗消费者，具体手段是让消费者支付更多的金钱，如果食品标识正确，则消费者本不需要支付这么多的金钱。这种造假通常可以追溯到供应链的起始阶段，因此很难找到违法者。这种造假的目的就是欺骗消费者。有时候，生产者的目的是用他们的产品替换其他食品，让消费者产生相同的体验。在这种情况下，通常生产者会进行充分披露，他们会鼓吹替换产品更好。有时候，替换食品更为便宜。有时候，生产者会宣称替换食品比"原来的食品"更加健康。

某些代用食品用于替换天然食品。例如，菊苣根曾经就是一种常用的咖啡替代品，但是现在菊苣根已成为一种受欢迎的饮料的原料。人造甜味剂是否应该被视为造假食品？为了避免摄入糖分，人们会用无糖汽水代替真正的汽水，但这有可能导致人们对无糖汽水的摄入量比正常水平要多得多。这些食品的功能同原来的食品一样，但在销售时并不需要进行欺骗，因为它们并不是在迫不得已的情况下生产出来的。尽管如此，这些高度加工的食品仍需要像从前的代用食品一样获得文化认同，那种认同不应完全视为理所当然的。

如果说一战时期的代用食品未能愚弄任何人，那么今天食品替代品却愚弄了不少人。例如，美国食品公司 JUST Inc. 研究出一种完全通过植物制作的蛋黄酱。"我家人更喜欢植物蛋黄酱的味道，"一位《华盛顿邮报》投稿者说，"我觉得它尝起来非常像我们以前喜欢的那种传统面包酱。"[4] 然而，曾经有段时间，FDA 指控该公司将这种产品称为"蛋黄酱"，管理局认为如果不含有蛋黄成分，则不能称为蛋黄酱。该公司对产品标签做了一些粗略的修改，这事最终不了了之了[5]。这些优质食品最好被视为合成食品。

同样地，在判断是否属于食品造假或掺假时，生产者的意图似乎是一个非常重要的因素。JUST Inc.公司将他们的产品叫作"蛋黄酱"，因为其功能和蛋黄酱一样，虽然其实际上并不是蛋黄酱，这种产品缺少蛋黄成分。实际上这是其营销策略的重要部分，正因为同原来的食品不同，许多消费者才会选择这种产品，而非传统的蛋黄酱。同其他一些非常畅销的食品或者风味混合食品一样，这种食品也是一种很受欢迎的替代食品，但是其动机并不相同。这种食品是一种新型蛋黄酱还是一种全新的食品，主要取决于政府机构对这种产品的分类，但这对于购买该产品的消费者而言并不重要。

　　如果人们将代用食品看成一种替代品，通常是原来的产品的劣等替代品，而合成食品是一种有效替代品，那么剩下的其他类别就属于仿造食品。仿造食品是一种在消费者不知情的情况下替换其他食品的产品，可能并不违法。仿造食品并不一定不受欢迎，例如，山葵酱是用辣根和芥末制作的，因为价格会比真正的山葵酱便宜，只要消费者不关心其实际成分就行。另一方面，仿造食品可能包括各种食品，从芝士泡芙到日本寿司餐厅外面用塑料制作的展示食品（用于宣传本店的菜单）。如果单纯将仿造食品看作假冒伪劣产品而一味否定，那么就无法考察这种食品各种可能的用途。

　　同仿造食品类似，完全替代食品是用一种食品替换另一种食品，其目的是欺骗。人造奶酪深受严格的素食主义者的欢迎，他们不想吃乳制品。在标签上注明人造奶酪，在道德和伦理上都站得住脚。但是，2014年对英国比萨外卖餐厅进行的一项调查显示，百分之二十的样品都有这种人造奶酪。虽然这种行为并不违法，但这些比萨本应标识使用了奶酪替代品 [6]。这种仿造食品的目的是丰富人们的饮食。这种食品并不一定是为了欺骗消费者，但它们扭曲了消费者对于食品应具有何种口感的看法。在判断这种行为是否道德时，一个重要标准就是判断其是否是有意为之。

　　当你认真阅读奥利奥饼干包装上的成分表时，你会发现这种产品根本不是天然食品。尽管如此，卡蒂·斯蒂芬斯（Kati Stephens）辩称："这种饼干并未自称是天然产品。它并未试图欺骗我们。因此，可以将奥利奥归类为垃圾食品，但是不能算作假冒食品。"[7] 但是，将替代食品的讨论完全局限在欺骗性这一点上忽视了食品工业化生产时替代食品味道不断变化所导致的重要文化影响。现在，人们可以将淀粉、油和盐混合在一起，然后掺入食用色素和一种鳄梨味香精，这样就可以制作出鳄梨色拉酱。

调味剂行业完全建立在这种欺骗上。瑞士公司奇华顿为全球客户提供各类人造香精，他们的客户需要签署保密协议：运动饮料公司和其他一些人造调味剂供应商并不想让你知道他们所生产的产品的味道完全是通过合成得到的[8]。如果认为是否存在欺骗是判断是否为假冒产品的唯一标准，这就忽视了另一个事实：欺骗本身也有程度之分，某些欺骗行为更为严重，主要取决于具体背景。通过放任我们的味蕾被欺骗，整个工业化世界的消费者都参与欺骗。如果认为这种欺骗是不可接受的掺假，这可能危及许多现代食品加工工艺的合法性。

同食品污染风险不同，仿造食品虚假标识或虚假标签完全是食品生产者的过错。如果一家企业并未在标签上标明产品的实际成分，则该企业的整个经营模式就是建立在欺骗的基础上。"在食品到达我们手中前一定会受到各种干扰，"史蒂文斯（Stevens）写道，"我们有新的食品，但是关于这种食品以及它'实际'是什么并没有什么新想法。"[9] 这个说法仅仅在个人层面上是正确的。不同文化的人看待食品的背景会随着食品生产方式的变化而改变。在某些文化中，奥利奥饼干或者芝士泡芙属于正常的食品，而在其他文化中则令人厌恶。

4.1

部分替代食品和仿造食品

2013年，英国政府逮捕了一个仿造名牌伏特加酒的犯罪集团。这个犯罪集团从一家蒸馏酒生产商手中购买酒瓶，贴上仿造的标签并加盖假冒的印花税章，最后向酒瓶中加入一种掺入了漂白剂和甲醇的混合物。他们共计生产了165000瓶假冒伏特加酒，给英国政府造成150万英镑税收损失。尽管在英国这种假冒伏特加酒并未直接造成死亡事件，但在前一年，捷克有二十人因为喝了这种假酒而死亡[10]。这种犯罪行为同传统的部分替代的区别在于产品中并没有真的伏特加酒，其酒精成分来自于甲醇。这种犯罪是赤裸裸的造假。

如果将部分替代和完全替代视为独立的食品造假类型，那么在评价这种行为是否道德时食品的具体功能就变得更加重要。食品替代品的功能可以同原来的食品相同，即使其味道和成分完全不同。如果标明了食品的实际成分，那么一种仿造食品（比如素食奶酪）就比那些瞒着消费者用更加便宜的原料进行部分替代的食品要容易接受得多。某种行为之所以被认为是犯罪是因为存在欺骗，而不是因为对食品造假，除非替代原料本身不适合食用。另一方面，植物蛋黄酱的例子表明将生产的食品准确地标识为替代食品并不一定能够帮助你免除因通过欺骗性的方式出售替代食品而需要承担的所有责任。

或许，对于这种在道德上可以接受的食品替代，最好的类比对象就是仿制药。食品是否是依据其实际成分命名的？这些成分是否具有更好的功能，比如让你的三明治更加松软或者让水具有茶味？如果仿制药治好了你的病，你可能并不会在意其成分是否和专利药不同。如果添加了人工调味剂的茶水让你解了渴，你可能也会有相同的想法。

一种食品是完全造假还是只是掺假取决于它是如何制造的，在出售时是否使用了合适的名称，它的化学成分或者原产地是否正确进行标注。如果消费者碰巧喜欢吃造假食品，许多人并不会在意或者关心被骗了。这时候，代用食品可能会成为一种全新的东西，同时，同混合掺假的情况一样，这种食品会受到欢迎，而并非是犯罪。

你可能已经想到了，同简单地对一种合法产品进行掺假或稀释相比，创造一种完全仿造并且畅销的食品要更加困难。对中国媒体报道的食品造假和掺假事件进行研究发现，其中只有很小一部分涉及完全仿造的食品。这同其他一些估计一致，他们认为这类事件在全部食品造假和掺假事件中只占很小一部分[11]。

但是，这类仿造食品的范围令人非常震惊。这类食品包括代用肉类、芝麻酱、豆腐、葡萄酒和啤酒[12]。如果某种食品非常容易造假，可能会经常被仿造，我们就很难找到正品。例如，山葵酱本应该用山葵茎制作。但是山葵非常贵，用辣根、芥末和常见食用色素很容易进行仿造。因此，北美地区约有95% ~ 99%的山葵酱可能是仿造品。即便是部分掺假的山葵酱实际上也只含有非常少的山葵成分[13]。

其他仿造食品可能同原来的食品类似，但是复制了合法生产商的包装设计或者窃取知识产权[14]。许多仿造食品通过散装出售或者欺骗供应链末端的包装公司规避包装问题。仿造调料就是这种造假的一个很好的例子。尽管许多调料只是混合了部分其他成分，但许多昂贵的调料就是完全造假。例如，藏红花粉可使用万寿菊、康乃馨或罂粟花粉以及各种色素进行仿造，其中含有许多致癌物[15]。

枫糖浆很常见，通常散装出售（至少在装瓶前是散装出售）并且容易伪造。世界上大多数枫糖浆都来自魁北克。那里的生产商采取了类似的卡特尔行为，不仅提高了全球枫糖浆的价格，而且还促使不道德的生产商使用糖和枫糖调味料来伪造真实产品。真正的枫糖浆的含糖量在66%至69%之间，由枫树汁制成。对于加拿大人而言，任何其他产品（即在世界各地的超市中出售的大多数加工产品）都是假冒产品[16]。生产商给这些产品起相似的名字，以避开差异，但是如果你仔细看标签，就能轻易发现这个骗局。

本书中提到的许多曾经以掺假为主要目标的食品现在已经成为完全替代的目标。例如，葵花籽油、几滴叶绿素和β-胡萝卜素的混合物可以制成合格的"橄榄油"。蜂蜜可以完全用糖浆来代替，很多消费者不会发现其中的区别[17]。果汁很容易掺假，销售的石榴汁可能根本不含石榴汁，因为可以把葡萄汁混合起来制成有效的替代品[18]。经估计，在美国，只有不到40%的"帕尔马"奶酪碎是真正的奶酪产品：无论是掺假的还是完全假冒的，这种造假行为使用的主要替代品是木浆[19]。

4.2

鱼类替代品

最常见的完全替代食品形式是鱼类替代品，这也许是合乎逻辑的：鱼类品种繁多，通常很容易就能找到一种鱼，把它错标为高价鱼。鱼类市场的价格参差不齐，因此用一种便宜的鱼类作为替代品有利可图。用一种鱼替代另一种鱼也是一种常见的做法，因为很少有消费者能分辨出两种鱼之间的区别，而且一旦将鱼切成片就更难区分了。此外，鱼的供应链通常很长，其中有多个环节，这使得供应链上想要欺骗消费者的不良行为者越来越多。

2016 年，环保组织 Oceana 对全球 25000 个样品进行检查，发现有大约 20000 个样品被贴错标签。他们在除南极洲以外的所有大陆上都发现了贴错标签的海鲜。该研究的作者解释说，"'海鲜欺诈'是一个严重的全球性问题，它损害了遵守规则的诚实企业和渔民的利益，威胁到消费者的健康，还使我们的海洋处于危险之中。"[20] 这种做法所造成的经济损失总额难以估计，但是这项研究表明，到目前为止，进行海鲜欺诈的最普遍的动机是谋利。从所有这些方面来看，海鲜欺诈与大多数其他形式的掺假非常相似。

尽管有关海鲜欺诈的许多最引人注目的故事都聚焦在高端餐厅使用的替代品上，但欺诈可能发生在供应链的任何一个环节。目前，鱼类的供应链是世界上所有食品中最长的。这些供应链会被人为地延长，例如，在阿拉斯加捕获鱼，然后将其送到别国进行加工，最后再送回北美市场。每一个环节都存在欺诈的风险[21]。

供应链越长，就越难监控。与许多相对昂贵的食物的情况一样，涉及鱼类的欺诈行为都非常有利可图。2005 年，《纽约时报》对纽约市的八家鱼店的鲑鱼进行了检查，发现其中有六家店把人工养殖的鲑鱼错误地标注为野生捕获。价格差异总计约为每磅 24 美元[22]。

贴错标签的问题还与掺假问题有关，因为用来代替昂贵海鲜的便宜海鲜常常是有毒的。在 Oceana 的研究中确定的替代物种中，有 58％会给食用它们的人带来健康风险[23]。对于尽可能避免摄入汞的孕妇来说，重要的是，他们必须知道自己所吃的鱼类的确切种类，以便为婴儿的健康做出明智的选择。西班牙鲭鱼的汞含量是可接受的，它经常被汞含量不达标的王鲭鱼替代。美国法规限制了"白色"罐装金枪鱼中的毒素，但没有限制"浅色"金枪鱼中的毒素，而其中可能包括含有大量汞的鱼类品种。从东南亚的农场进口的对虾（虾）通常会使用过量的抗生素进行处理，以减轻饲养过程中困难的条件所造成的影响[24]。

与许多食物一样，在特定鱼类的名称方面的文化差异也是问题的一部分。例如，欧洲 bass 在北美也被称为 branzino。在意大利餐馆，它的名字是 spigola。而在葡萄牙，它的名字是 robalo。同样，"moonfish"这个名称也适用于全球至少七个不同的亚种[25]。"石斑鱼"被合法地描述了美国的 64 个不同的物种[26]。在这种环境下，即使鱼类的名称使用正确，消费者也很难追踪鱼类的专有名称。无论是因为过度捕捞鱼类或是使用危险化学品进行养殖的风险，也可能简单地对鱼类进行重新命名，并且可能需要进行全面调查以重新发现与其食用相关的风险。这种情况在巴西就出现过，鱼类批发商创造了"douradinha"这个名字来掩饰南美一种特定品种的鲶鱼，而这种鱼由于其底层进食习惯而被消费者避免食用 [27]。

许多这种欺骗行为都是完全合法的。2016 年，对美国连锁店 Red Lobster 的调查发现，他们的许多菜肴根本都不含龙虾。尽管 Red Lobster 餐厅可能会在其大厅的水箱中展示缅因州的活龙虾，但其为顾客提供的产品是用便宜得多的 langostino 制成的 [28]。虽然这个生物的名字被翻译为"小龙虾"，但实际上它与寄居蟹有着更紧密的联系。除非甲壳类动物在菜单上被描述为 langostino，否则严格来说这种替代在美国是非法的——但由于很少被起诉，Red Lobster 未受影响 [29]。中国的许多海鲜餐馆会向顾客展示由其选定的特定鱼类以此来避免这种欺骗的风险，这样，当相同的鱼类出现在盘子上但头部仍然还在时，他们就能辨认出来。

虽然听起来很难，但有些海鲜欺诈是完全造假，而不是用便宜的鱼代替昂贵的鱼。例如，在意大利的食品市场上出售的水母中，有27%的水母是由竹笋或芥菜等替代品制成的。假鱼子酱是一个常见的问题，因为假冒如此昂贵的产品的潜在回报非常高。德国研究人员和世界野生动物协会的一项研究发现，样品中不含任何动物 DNA。而且，他们无法查明替代品具体是什么 [30]。

4.3

素汉堡、杏仁奶和芝士泡芙

2018 年 5 月，美国密苏里州通过了一项法案，禁止将非肉类产品称成肉类。该法律针对的是肉类替代品。但这并非针对以前的那些干而无味的素汉堡：新型的高科技肉类替代品是如此复杂，当你在烹饪时按压它们，它们甚至可以"流出"甜菜根汁。捍卫密苏里州牛肉产业的立法者表示，他们通过上述法律是为了打消消费者的疑虑，整个肉类替代产业之所以存在正是因为所涉及的产品不是由动物制成的，而经营这些公司的人厚颜无耻地用这一点进行产品宣传[31]。

在美国，由植物制成牛奶也是一个蓬勃发展的行业。在许多人的饮食中，豆奶、杏仁奶和类似的饮料已开始取代牛奶，因为他们不喜欢喝动物产品，或者担心注射到美国奶畜身上的药物，或因为他们只是想用低脂的产品替代他们常喝的牛奶。FDA 已经开始质疑这些产品是否可以正当地自称为"牛奶"。该机构负责人在 2018 年 7 月的小组讨论中解释说："杏仁不是乳酸。"[32]再一次，该问题并非源于误导消费者这一事实。问题在于这样的事实，即一种食品的生产商担心一种新产品可能公开采用不同的成分但却具有与它们的产品相同的功能。

就像植物蛋黄酱甚至是奥利奥饼干一样，这些食物也不会欺骗任何人。它们是所谓的健康食品，专为那些不管出于什么原因想要避免吃鸡蛋或牛奶等的人而设计。当其他不含天然成分的合成食品不受监管时，却基于可能会欺骗消费者的想法而对它们进行过度监管是特别荒谬的，因为没有天然产品可以直接与它们进行比较。伪造食品的目的分为有意欺骗和无意欺骗。像植物蛋黄酱这样的食品并非旨在欺骗，但不知道其中所含的成分似乎是人们最初决定食用它们的先决条件。

Cheez Doodle（一种奶酪泡芙）是一种合成产品，没有仿照任何天然存在的东西的形状或成分。是否应将其视为"假冒食品"？与世界上许多其他加工奶酪产品一样，它也无法用简单的定义进行描述。根据不同的产品，美国联邦监管机构已将加工奶酪称为"奶酪食品"、"奶酪产品"或"经巴氏杀菌的美国奶酪"，以区别于真正的奶酪[33]。Cheez Doodles 的制造商 Wise Foods 称它们为"奶酪味的奶酪泡芙"——自然界中不存在的东西[34]。还有比它更假的东西吗？

但这恰恰是它的优点。因为它是独特的创造，所以不能说它可以替代任何其他东西。想吃真正的奶酪的人会去吃真正的奶酪。想吃奶酪味玉米零食的人会去吃 Cheez Doodles。Wise Foods 提供的加工品使人们能够以低价方便地获得奶酪风味。Cheez Doodle 奇特鲜艳的橙色是其合成性质的标志，其受欢迎程度表明，消费该产品的人并不关心其制造方式。尽管有着奇特的橙色，但在某些文化中奶酪泡芙作为其中一种可能的休闲食品而受到欢迎，而其他文化则拒绝了它们，因为它们对这些产品的兴趣不大，这些产品夸大了该产品明显代表的价值范围。

社会学家安东尼·温森（Anthony Winson）把制成这类食物的成分称为"大量添加剂"，并将其归类为"主要甜味剂、脂肪和盐"。他写道，尽管它们不是"剧毒"，但"它们的影响却不容忽视"[35]。如果在自然界中发现某种奶酪泡芙，那么存在大量添加剂会引发整个发达国家的愤怒，因为存在明显的自然比较点。但是，由于加工食品制造商发明了与天然食品没有直接相似之处的新零食，因此他们保持了制定文化规范的权力，规定了其中包含哪些成分，不包含哪些成分。只要合成成分能制成人们实际食用的产品，那么关于它们是否存在于自然界中就与享受它们的人无关。对食用它们的人的不利健康影响也是如此 [36]。

与使用合成成分制成新食品的方式类似，旧的现有食品的口味也通过多种天然和人工调味料得到了改善。食品作家马克·沙茨克（Mark Schatzker）认为，与几十年前相比，从鸡肉到香蕉等各种食品的味道更淡了，营养更少了。这是农业大规模生产的结果：当农民偏爱生产力胜于口味时，风味和营养成分的稀释是必然的结果。因为这些大量生产的农产品正在用更多的水和更多的糖类代替我们饮食中的营养，所以对于这些食物是否真的是同一种鸡肉或香蕉提出质疑是很公平的 [37]。使这些农产品比想象中更加伪劣的原因是，食品生产商倾向于向其中添加调味料，以避免让消费者注意到它们的味道变淡了。从汉堡包和比萨饼到燕麦和酸奶，世界各地的超市货架上的产品都要求为消费者增添风味，以使它们变得可口。沙茨克认为，所有这些添加的调味料（无论是天然调味料还是人工调味料），都会阻碍人们识别饱腹感的自然趋势，从而导致肥胖 [38]。无论你是否认为使用这些调味料的食品是"假的"，毫无疑问，它们具有欺骗性。问题是许多消费者并不在意自己因此受骗。

在世界各地的社会中普遍存在（通常是合法的）的一种特别的欺骗手段是关于食品制造地的错误信息。有时，生产商知道他们自己在产品的原产地上撒谎了。这显然是一种不道德的欺骗形式。但是，在其他情况下，问题在于不同的社会是如何称呼特定食物或饮料的。在这种情况下，不仅需要讨论什么是欺诈，还涉及询问和回答关于特定食品实际上是什么的问题。名称与带有该名称的产品定义之间的差异有时会比你想象的要大得多。

第 5 章

地点的重要性

Food Adulteration
and Food Fraud

在十九世纪九十年代，起泡酒（尤其是香槟）变得非常有利可图，因为世界各地新富起来的工业化受益者都想喝最好的酒精饮料。但是，法国香槟区的酿酒师和为他们工作的农民都开始抗议使用"香槟"一词作为起泡酒的总称。作为香槟区的居民，他们了解自己耕种的土地的独特特征，并希望对生产过程进行足够的控制以保持始终与该名称相关的质量。1908 年，香槟区成为法国第一个用产品名称命名的地区。到 1935 年，香槟区成为法国唯一可以合法地将其葡萄酒称为"香槟"的地区 [1] 。

这并没有阻止其他国家的酿酒师使用该词来描述他们自己的产品。如今，在加利福尼亚州一种在钢制储罐中制作的美国"香槟"每瓶售价约为 7 美元。美国其他"香槟"生产商使用的葡萄品种在法国产品中是完全被禁用的。加利福尼亚州一家古老的替代香槟生产商 Korbel 的导游错误地声称，其获得了法国政府的特别许可，可以用"香槟"一词来描述其产品。并非每个消费者都了解 Korbel 香槟的真正来历，但毫无疑问，许多人仍然享受在特殊场合下用适合其有限预算的东西来敬酒的可能性 [2] 。

即使与法国生产的类似饮料相比，Korbel 的味道稍有逊色，但是只要它仍然有市场，它的存在是否会损害他人仍然是一个悬而未决的问题。毕竟，这两种产品吸引的消费者处于两个截然不同的收入等级。此外，香槟区的香槟产量有限。Korbel 有助于在美国创造和满足对香槟的需求。如果某些美国人不知道这种"香槟"并非产自香槟区，那么他们只需阅读标签即可了解真相。与其他类型的食品造假和掺假相比，这显然在欺骗水平上有所降低。

廉价香槟涉及的最严重的问题在于对传统香槟制造工艺的侵蚀。与在其他地方生产的仿制产品相比，香槟区的香槟是按照许多可以提高其质量的规则制成的。它几乎仅由三种当地葡萄制成，并且有一系列严格的规则规定了如何种植和采摘这些葡萄。实际上，用来制作真正的香槟的葡萄必须全部手工采摘，以确保它们不会被损坏。根据高度复杂的规则，在陈酿之前，还会将制成香槟的各种果汁进行混合。在陈酿过程的最后六、七周内，定期手动旋转香槟酒瓶，可以帮助收集瓶颈处的沉积物[3]。这些工艺历经数个世纪才得以发展。

香槟区的香槟之所以能成为一种上乘产品，除了受到文化知识的影响，还得益于当地的风土条件[4]。风土条件是指当地土壤条件和其他环境因素。其对给定作物有一定的影响。这个概念最初在法国是用于检查那里生产的葡萄酒的，但是近年来，许多工艺生产商将"风土条件"一词用于其他食品。当然，从巧克力到酵母酸面包在内的所有食物都会在某种程度上受到其生产环境的影响。

当一种食物与某个特定的地方联系在一起时，它不仅代表着那个地方，而且代表着创造它的文化。几个世纪以来，创造它的加工方法（例如香槟的加工方法）得到了发展。来自其他地方的仿制食物或饮料缺乏该传承。他们还缺乏使食物或饮料具有独特口味的特定区域特征。全球化导致欺骗更易产生，因为它使这些独特的食品引起了全世界的关注，同时为劣质仿制品打开了市场。全球化使食品或饮料生产商经济压力增大，导致生产商降低其标准，使他们能够在世界市场上竞争，即使这意味着要牺牲那些使其产品独特的特征，而这也导致了欺骗的产生。但是，与原产地联系在一起的食品与合成食品或仿造食品是不同的，因为它们永远无法真正被复制或大规模生产。

第 5 章　地点的重要性

尝试复制那些无法真正复制的食品的做法可能不会像添加有害成分那样危险，也不会像兜售完全伪造的食品那样具有欺骗性，但这仍然是一种欺骗。如果他们不透露或厚颜无耻地谎报仿制食品的生产地，那么生产商就可以赚钱，因为他们的产品成本与专门指定的原产地产品所能带来的溢价之间存在价格差异。即使贴错标签的产品在某种程度上可以与原产地产品相比，这种食品造假也损害了许多此类食品所具有的独特文化底蕴，并促进了口味的均质化，从而使风土条件下产生的特定特征变得缺少卖点。而且，如果这种错误的表述变得合理化，消费者将逐渐忘记原来的食品的味道。这不仅是独特食品的原产地和原产国面临的问题，也是消费者面临的问题，因为这种欺诈行为会使该食品制造商更难建立自己的品牌并将产品推销给世界其他地区的消费者。

5.1

原产地欺诈

想象一下有两种化学成分相同的产品，例如两块巧克力。其中一块是从一个以巧克力闻名并以传统方式制作巧克力的特定地方采购来的。另一块基本上是在实验室制成的。它们的标签是正确的（换句话说，是不同的），但它们满足了世界市场对优质巧克力的相同需求。这是坏事吗？

原产地欺诈是一种特定的产品标签错误。有时它是非法的，有时则不是。但是，如果关于该产品原产地的标签上的主张具有误导性，则仍违反了规范和法律。粮食采购的全球化已经使世界上几乎所有具备支付能力的人可以买到任何粮食，但是也导致犯罪分子开始利用一些消费者对奢侈食品真实味道的无知而进行欺诈。

由于葡萄酒的价格可能会很高，并且其价格很大程度上取决于葡萄酒的产地，除香槟外，许多葡萄酒都受到了原产地欺诈的影响。2002年，法国波尔多地区的主管部门发现，许多生产商正在从其他地区进口便宜的葡萄酒，并在瓶身上打上波尔多的标签，然后将差价收入囊中[5]。最昂贵的葡萄酒（以瓶装出售的具有历史意义的葡萄酒）的原产地在本世纪前十年间经常被伪造，以至于许多超级富豪买主已经完全对市场失去了信心。直到最近，该市场才开始复苏[6]。

正如我们所看到的那样，橄榄油通常是从其他国家转运来的，并且在途中经过众多中间商的处理，因而常常会导致标签标示有误。"意大利包装"或"意大利瓶装"等措辞可以用来掩盖橄榄油实际是在西班牙、希腊或突尼斯生产，然后集中运往意大利出口的事实。这种做法利用了公众对意大利和优质橄榄油之间的联系的认识，但这是完全合法的。由于很少有人了解优质橄榄油的味道，这样做很有用。当然，如果没有全球化时代各种食品在全球的廉价运输，任何东西的转运都是不可能的。防止劣质混合橄榄油的最佳方法是让消费者避免购买贴有"意大利包装"或"意大利瓶装"标签的油，因为这些措辞是一种有目的的欺骗[7]。

像葡萄酒和橄榄油一样，未经加工的昂贵蜂蜜的味道也与产品的生产地紧密相关。蜂蜜中存在的化合物——酶、维生素、矿物质和氨基酸——以各种组合形式存在于产自不同地方的蜂蜜中。含有大量此类对健康有益的化合物的蜂蜜将获得更高的价格。

这些化合物在蜂蜜中的确切组合形式可以作为确定其原产地的指纹。欧洲强制要求在标签上注明蜂蜜的原产国（以及表明产品质量的其他方面）[8]。这使得原产地欺诈特别吸引有野心的蜂蜜犯罪分子。

世界上最昂贵的蜂蜜是来自新西兰和澳大利亚部分地区的麦卢卡蜂蜜。一位注重健康的名人将其誉为"液态黄金"，这种产品是这些地区特有的，因为那里的蜜蜂为本地的麦卢卡树（*Leptospermum scoparium*）授粉。这种产品在新西兰的年产量仅为1700吨，但出售的"麦卢卡蜂蜜"超过了10000吨。这意味着世界各地的许多消费者正在购买掺假的麦卢卡蜂蜜，或者更有可能买到完全造假的麦卢卡蜂蜜[9]。由于对欺诈有着合理的担心，新西兰政府已经开始对所有标有"麦卢卡"的蜂蜜进行测试，以确保其真实性[10]。

蜂蜜会呈现出蜜蜂所采花粉的植物的遗传特征，因此蜂蜜具有可以检查的遗传指纹。即使蜂蜜中所含的不同糖和水的比例可以变化，但是在给定的蜂蜜中，这些成分的含量会处在其地理来源所定义的限定范围内。对某种蜂蜜进行基因测试，通常可以确定该蜂蜜成分的真伪及其原产地[11]。不幸的是，由于成本高昂，很少进行这些测试，结果是腐败的蜂蜜中间商继续猖獗。

吸引其他地方进行仿制的昂贵食品的价值并不总是局限于制造它们的环境条件。有时也与它们在该特定地点的制造方式有关。格鲁耶尔奶酪是拉里·奥姆斯特德（Larry Olmsted）的著作《真食品，假食品》（*Real Food*, *Fake Food*）（2016）中的一个例子，它是一种硬质高山奶酪，以瑞士格鲁耶尔镇的名字命名。具有原产地名称的真正的格鲁耶尔奶酪是在瑞士某些地区生产的，包括弗里堡和侏罗，它是根据一系列精细的规则制成的，这些规则反映了自 1115 年以来就以相同的方式进行生产的事实。它的味道也反映了其生产过程中使用的细菌，因此，是否有可能在其他地方制作出真正的"格鲁耶尔奶酪"是一个值得探讨的问题[12]。

美国奶酪制造商合法地仿制了瑞士格鲁耶尔奶酪，因为美国政府拒绝承认其瑞士本地遗产在创造这种特殊奶酪中所起的作用。像香槟一样，在美国也允许使用"格鲁耶尔"一词，美国专利商标局认为"在美国有七个制造格鲁耶尔奶酪的奶酪制造商以及广泛的通用互联网和字典用法……清楚地表明，格鲁耶尔奶酪已经失去了地理意义，现在被视为奶酪的一种。"[13] 由于不在他们的管辖范围内，瑞士奶酪制造商对此无能为力。但是，美国格鲁耶尔奶酪的存在意味着有更多的人能够以较低的价格买到可口的奶酪。确实，瑞士奶酪制造商自己无法制造出足够的产品来满足世界各地的需求。

近年来，在瑞士以外的地区生产的格鲁耶尔奶酪是不是真正的格鲁耶尔奶酪，或者加州香槟是不是真正的香槟，已成为越来越难回答的问题。联合国粮食及农业组织的艾米丽·旺德坎德拉尔（Emilie Vandecandelaere）解释道："随着市场变得更加全球化，似乎越来越重视与原产地相关的产品差异化，不仅是出口产品，还有与进口产品竞争有关的本地销售产品。"[14] 全球化与当地独特食物的存在有着直接的矛盾。幸运的是，对于那些历史悠久的产品的生产商来说，有合法的方法可以抵挡廉价仿制的潮流。

5.2

在全球市场上保护本地食品

当生产商和消费者彼此了解，或者至少在面对面的情况下用现金购买商品时，掺假的可能性会降低了，因为欺骗你亲眼所见的人，尤其是你认识的人是比较困难的[15]。当食品供应成为全球体系并且这些连接开始断裂时，食品掺假和食品造假不仅成为可能，而且发生的概率很大。在许多方面，该体系中与特定食品原产地有关的欺骗行为已比此处涵盖的其他食品犯罪更多，因为这种全球体系需要对食品原产地进行一定程度的掩盖，以使其顺利运作。

市场上以神户牛肉名义出售的大多数牛肉损害了与其毫无联系的产地的声誉。真正的神户牛肉源自日本神户。就像瑞士的格鲁耶尔奶酪和香槟区的香槟一样，必须按照严格的规则进行生产：这种肉必须来自和牛的田岛品种，并且来自仅有的 260 个经过认证的农场之一，这些农场特意小型化，以最大程度地提高可用肉的风味[16]。与世界各地饲养的许多其他牛不同，这些牛并未被注射类固醇和生长激素，它们以谷物为食。由此产生的高级雪花牛排是这种方法的产物，也是牛品种的基因组成的产物。尽管世界上有很多地方声称出售神户牛肉——甚至据称可以在美国的亚马逊上进行购买——但实际上很少有人出售真正的神户牛肉，因为它不符合这些严格的规定[17]。

日本神户牛肉协会为全球消费打开了神户牛肉市场。日本公认的小神户牛肉产量的 10% 现在指定用于出口。大多数产品销往亚洲的其他国家，但也销往加拿大，而且自从最近取消对日本出口的禁令以来，还销往美国。现在，九家美国餐馆已获得神户牛肉协会的许可，可以销售真正产品，并且这一数字一直在稳定增长[18]。声称出售神户牛肉但不在神户牛肉协会批准的卖家名单上的高端美国餐馆很可能会出售其他和牛品种的牛肉，这些牛肉也是优质肉，但不会获取与神户牛肉相同的溢价[19]。

2015年，神户牛肉获得了日本政府授予的地理标志（GI），以期在拥有自己地理标志的食品的国家中获得防范品牌侵害的保护[20]。地理标志保护于1992年始于欧盟，并通过1994年签署的《与贸易有关的知识产权协议》（TRIPS协议）在世界各地广泛传播。如今，欧盟已经建立了一个三层体系，旨在保护与各种食品相关的文化遗产。非欧盟国家也可以申请相同的受保护身份，然后通过互惠贸易协定来保护这些身份。最低级别的保护是传统特色食品保证（TSG）标签，用于至少有三十年历史的以特殊方式生产的食品[21]。

地理标志是贴在产品上的标签，表明该产品"具有特定的地理起源，并且拥有该起源带来的质量或声誉"。它们主要用于农产品，旨在传达产品的来源赋予其附加值[22]。虽然产品与其产地之间的联系应该牢固，但根据地理标志的指定规则，至少一部分产品可以在该地区以外进行生产[23]。除神户牛肉外，其他受保护的食品包括立陶宛奶酪Liliputas和斯洛文尼亚葡萄酒Primorska[24]。

神户牛肉的日本名称是由欧盟授予的，而不是美国。在美国，"神户"的含义没有被定义[25]。日本的牛肉消费历史实际上很短，仅可追溯到1868年。作为商标产品，神户牛肉仅可追溯到

2001 年。神户牛肉的地理标志表明了日本牧场主扩大其全球影响力的愿望[26]。的确，伴随互惠贸易协定的全球体系可以培育出像神户牛肉这样的著名奢侈品牌，而不是简单地稀释它们。

另一方面，哥伦比亚咖啡的地理标志非常成功。哥伦比亚咖啡是 2007 年首个获得地理标志的非欧洲产品。在美国和加拿大，哥伦比亚将"哥伦比亚"一词注册为他们可以保护的证明商标。针对这些名称开展了长期的宣传活动，以提高消费者对哥伦比亚咖啡种植条件与由此生产的咖啡的品质之间关系的认识。该活动中最著名的人工制品仍然是虚构的咖啡种植者"Juan Valdez"，在该活动的广告中使用过[27]。

现在，哥伦比亚咖啡已成为该国与环境紧密联系的一系列产品的一部分。每种产品都在利用这样的想法：那里独特的条件可以使产品变得很好[28]。这种营销方式恰好是高质量的本地产品在全球食品供应体系中的生存方式。

根据欧盟地理标志计划，原产地命名标记（PDO）身份指的是在整个生产过程都与特定地区的环境和文化相关的食品。受到这种保护的产品包括法国波尔多葡萄酒和希腊 Manouri 奶酪[29]。该标识系统背后的想法是保护地区食品生产并告知消费者产品的真实性。通过查看 PDO 标签，你可以知道该产品确实来自其声称的产地。至少从理论上讲，这还会降低世界各地的消费者购买廉价仿冒品的可能性，例如，某些高档意大利橄榄油或神户牛肉。许多研究表明，由于其真实性，消费者愿意支付更多的钱购买带有 PDO 认证的产品[30]。

尽管如此，美国没有强迫日本提出"神户牛肉"这一名称的主张。但是，日本牛肉生产商可以根据需要尝试通过诉讼来强制执行。日本政府甚至可以尝试通过贸易制裁来做到这一点。确实，仅仅担心会引起这类诉讼，就使得一些加利福尼亚起泡酒生产商回避使用"香槟"一词[31]。欧盟一直试图强制规定香槟只能来自法国的香槟区，据称尽管美国承认"香槟"一词的专有性质，但仍允许已经在其标签上使用该术语的酿酒师继续使用它，只要他们注明葡萄酒实际上来自其他地方即可[32]。

像欧盟一样，联合国也有自己的系统来指定值得保护的食品，以免其文化被同质化。联合国教科文组织（联合国教育、科学及文化组织）保留了很多其认为是非物质文化遗产的做法和产品，其中包括多例世界烹饪遗产，如那不勒斯比萨制作艺术和地中海饮食[33]。与联合国教科文组织名单上的其他例子一样，这些例子构成了"实践、表征、表达以及知识和技能，它们世代相传，为社区和群体提供了一种认同感和连续性"[34]。全球化导致掺假的发生概率增加，使同质化威胁到了这一遗产。

由于没有给他们的产品指定任何名称，挪威的农民正联合起来向挪威消费者推广他们当地生产的食品。在第二次世界大战之前，挪威自己生产了大部分食物，但现在那里消耗的食物中有一半为进口产品。为了保持挪威农业的经济生存能力，该国没有加入欧盟，以便它可以补贴其农民并通过法律，例如规定不管处于什么季节都禁止外国与本地作物竞争的法律。许多挪威农民已经开始将本地产品直接销售给消费者，例如通过新的农民市场，并强调本地食品通常味道更好[35]。

"真正的食物来自真实的产地，"拉里·奥姆斯特德说道，"当美国人从意大利度假回来时，他们想知道——这是不可避免的——为什么即使是那里的最简单的菜肴也要比美国的意大利餐馆里的要好得多，这是因为他们刚刚吃了真正的食物——通常是第一次。"[36] 这并不意味着美国的食品完全是假的或掺假的。这意味着最好的食物也有故事，而食物的工业化和大规模生产削弱了这个故事的重要性，因为它很难讲出来。换句话说，即使你可以复制香槟区的风土条件，饮用源自那里的饮料也总是有一些特别之处。

5.3

全球化的好处

如果与非物质烹饪文化遗产的传统做法相反，那么它可能是智利的工业鲑鱼养殖。二十世纪九十年代，鲑鱼养殖场在智利得到发展，它们改变了智利南部的经济和文化。养殖在太平洋广阔农场中的大西洋鲑鱼，长大后提供给美国市场，尽管它们是通过飞机运到美国的，但在美国市场上它们的价格却非常低廉。这些农场经常污染环境并剥削其雇用的工人，但它们也构成了智利政府对该国经济前景看法的重要组成部分[37]。

全球化对掺假的影响在于，它使供应链跨越国际边界，使消费者难以发现此类欺骗，更不用说进行起诉了。除了食品掺假更加难以被发现之外，全球化还意味着，单一掺假事件的影响可能会比其他情况传播得更远。了解食品掺假的性质使消费者有可能认识到这种做法带来的风险。评估这些风险时，了解不同文化之间的差异有助于解释各国之间的政策差异。

一个社会选择种植的食物有助于定义其美食，但是只生产少量食物本身也是由文化决定的。在19世纪初期，经济学家戴维·里卡多（David Ricardo）提出了比较优势理论，以解释特定国家应该专门生产特定产品的原因。例如，如果日本不能与其他国家进行贸易，那么靠当地的大米、土豆和蔬菜为食是难以养活自己的[38]。如果他们专门研究某些产品，然后再与其他食品进行交易，那么日本和其他有关国家的情况都会更好。根据这一原则，威胁日本对"神户牛肉"名称的控制的那些力量也以无数其他方式使整个社会受益。

偏好较低价格或多种口味的文化可能对与特定食品的原产地相关的文化遗产的重视程度不如对获取廉价养殖鲑鱼的好处的重视程度。尽管具有同质化效果，但全球化的食品供应体系仍使那些有钱的消费者可以购买从世界各地运来的特色食品。此类奢侈品市场有助于减轻全球化对此类商品的影响，并确保全球需求。

工业化食品需要一定量的同质化。使用本地种植的番茄烹饪的比萨厨师会烹饪出口味不同的番茄酱，因为这些番茄的口味随季节而变化。另一方面，在工业番茄酱中添加的成分有助于确保无论何时何地打开罐子时，产品的味道都相同[39]。如果全球化的影响扩大到一定程度，那么当地独特产品的制造者将无法谋生，那些食物也会消失。如今，大规模生产要求国际市场具有可持续性，任何在世界范围内销售其产品的食品生产商都可以为使当地食品独树一帜的饮食和文化的同质化做出贡献。

尽管担心掺假会对食品安全产生不利影响是可以理解的，但是全球食品供应体系要比之前的体系安全得多。只要供应链已经现代化，巴氏杀菌、卫生包装和冷藏等技术发展就能使食品在极长的运输过程中保持新鲜。因此，虽然化学污染的风险增加了，但天然病原体的风险大大减少了。例如，本地生产的食物与全球生产的食物一样，也容易受到细菌暴发的影响——正如2011年科罗拉多州南部瓜类李斯特菌严重暴发特别明显地表明的那样[40]。

为了就全球化世界中的掺假做出决定，必须对食物发生的变化进行检测。那些最担心掺假的社会是最有可能在掺假检测方面投入资源的社会。如何发现掺假行为涉及许多其他令人惊讶的决定。这些其他变量包括被认为可以忍受的风险水平，食品供应链中各方愿意关注的地方以及政府和政府管辖之外机构在调节供应链和执法中所起的作用。近年来，检测食品造假的科学变得更加复杂，会在下一章中进行介绍。

第 6 章

测试

Food Adulteration
and Food Fraud

1848 年，英国化学家约翰·米切尔（John Mitchell）解释了他对于科学发现掺假的能力不那么乐观的原因。他写道："随着化学的发展，它揭示了新的秘密，一方面出现了更加明确的掺假检测方法，同时又为掺假者提供了更大的范围。"举个例子，米切尔时代的科学家没有办法检测奶农是否在牛奶中掺水。他们面临的问题是"纯牛奶的密度是可变的"，因此没有绝对的标准可以将牛奶与之进行比较，以完全确定所检查的牛奶已掺假[1]。

就掺假而言，牛奶仍然是一个特别成问题的饮料，因为牛奶掺假的情况很多。最近的一篇论文总结了巴基斯坦的局势：

【牛奶供应链中的中间商】在运输过程中没有保持适当的卫生条件，导致细菌总数增加。他们还把尿素、淀粉、面粉、蔗糖、植物油、洗涤剂等化学物质掺入牛奶以增加利润。牛奶中还添加了甲醛等防腐剂以及一些抗生素，用来延长其保质期。这种添加降低了牛奶的营养价值。牛奶中的这些掺杂物、防腐剂和药物会引发非常严重的与健康相关问题[2]。

与米切尔时代不同，检测掺假变得非常容易，人们可以在家中进行检测。如果是牛奶，只需在倾斜的表面上滴一滴并检查其留下的痕迹，就可以检测出其是否掺假。把水与牛奶混合并检查其泡沫，就可以检测牛奶是否已被掺入清洁剂以改善其颜色[3]。不幸的是，处于困境中的人们不了解寻求营养的方法或没有机会对提供给他们的牛奶进行仔细检查。

现在，有大量测试可以确定食品是否被掺假，或者确定它们是否在某些方面与标签上的描述不符。用于描述这些工具的用法的术语是"食品认证"，根据不同的食品掺假方法，有许多不同的测试。除了迄今为止描述的许多人为问题之外，自然本身使这些努力变得特别复杂。最近对这一主题的概述指出："认证食品的复杂性不同于任何其他科学。"

对多组分食品进行剖析的复杂性要求采用的方法与常规方法相差很大，并且易于使用和解释。在一年中生产的同一食品中，有着惊人的内在变化。气候和环境条件以及生理学等因素会导致产品成分的根本性差异，而它们被视为同一"食品"[4]。

例如，蜂蜜主要由糖和水组成。若向蜂蜜中添加少量额外的水，除加水的人外，其他人很难明确地指出蜂蜜已被掺假。

检测某些食品掺假的最简单方法是肉眼观察。如果添加的水量没有改变最终产品的颜色，则这种方法不适用于蜂蜜。在这种情况下，以及在其他仍然不影响视觉效果的更细微的掺假形式中，也可以使用定性方法来检测更难以捉摸和更严重的掺假形式。如果你要求调查人员就他们面前的食物简单回答一系列问题，则可以明显减少进一步测试以确定样品是否真实的需求。提出的问题越多，那么无需进一步测试就可以更直观地识别更复杂的掺假形式[5]。

当然，许多欺骗性的操作，例如将养殖的鲑鱼染成粉红色，都是经专门设计的，会使检测变得更加困难。如果视觉线索不起作用，那么你可以猜测，如果某人在食用某种食品后生病或死亡，掺假就已经发生。但是对于消费者和出售被污染的食品的企业而言，此时才发现问题显然为时已晚。此外，一旦有人吃了可能被污染的食品，就很难对其进行测试，因为通常在他们怀疑有问题时食品就已经消失了。为了使掺假测试有效，必须在供应链中尽早进行。对于供应线特别长的产品，企业可能需要确保对其进行多次测试，因为掺假可能在任何环节发生。幸运的是，即使是少量的私人检测也会对食品质量产生真正的影响，因为不道德的供应商不太可能会和能够验证其产品纯度的公司有业务往来。

除非人们确切了解食物中的成分，否则社会无法对食品掺假意味着什么做出正确的决定。私人公司和监管组织进行了一些测试，但是大部分责任落在了政府监管机构身上。这些监管机构是否能够采取行动来阻止食品掺假取决于预算的多少，即使在最繁荣的时期，可供其支出的资金也常常很少。各国政府最终必须承担这一责任，因为只有他们才能提供必要的验证，以保持消费者的信任，而这些消费者永远无法仅靠自己来确定其所吃食物的安全性 [6]。假设有兴趣的各方有动机去寻找，那么新技术使得现在比以往任何时候都更容易发现食品掺假和食品造假。

6.1

指纹识别工具

在《牛肉分类》（*Sorting the Beef from the Bull*）中，理查德·埃弗谢德（Richard Evershed）和尼古拉·坦普尔（Nicola Temple）描述了食品如何被掺假，然后解释了检测这些做法所需的方法相关的独特问题。他们通常在撰写有关食品造假检测的文章时，把食品指纹识别作为总体原则对多个过程进行总结。他们写道："对危险食品或食品中的危险成分的检测取决于对明显的物理/生化特征的识别。"那就是"指纹"。指纹"将掺假的食品或成分与给定的食品或成分的可接受特征区分开"。例如，即使蜂蜜是一种简单的产品，它也有糖分、水分、水不溶物、电导率和其他要素，这些要素共同赋予其独特的化学特性，可以通过科学测试进行测量 [7]。

不同的食物需要不同的设备才能读取这些指纹。本书的剩余部分虽然未对所有分析各种指纹的方法进行描述，但大致描述了一些检测方法，然后至少描述了一些专门的检测方法，以检测掺假者所用的破坏某些食品完整性的方法。粮食安全领域新检测策略背后的总体思路是，将可以应用于特定食品样品的先进技术与可以在供应链中提示进行食品检测的时间和地点的信息技术相结合。除非进行实际应用，否则即使最敏感的测试也无法检测到食品造假和掺假。

主动的策略可以使这些越来越准确的测试更策略性地应用于需要测试的多种食品。例如，质谱分析法从化学样品（在这种情况下为食品样品）中生成离子，并根据其质荷比对这些离子进行分类。这种检测食品的方法类似于犯罪学家读取指纹的方法，因为在每种情况下，结果都是唯一的 [8]。质谱分析法在检测沙门菌等食源性疾病方面特别有用，即使仅有少量的沙门菌，也会危害老年人等易感人群 [9]。最近的一项研究得出结论："经证实，环境质谱分析法可以非常快速、可靠地检测出食品造假。" [10]

拉曼光谱法是一种非常适合检测食品的指纹方法，因为它可以探测多种食物元素之间的差异，包括从固体蛋白质到溶液中悬浮的成分。它使用激光向样品发射电磁辐射，并测量分子振动的方式以确定样品的身份[11]。另一种流行的检测工具，红外光谱法，涉及对食物样品与电磁辐射的相互作用的测量。这项技术有可能用于可被广泛使用的手持设备中，从而使测试既快速又容易。该技术最有效的用途包括检测细菌、食品成分认证以及检查牛奶和奶制品的安全性[12]。

DNA 检测是鉴定食物，尤其是肉类和其他具有可识别蛋白质的食物的最古老、最权威的方法。最近有关此方法的一篇文章解释了其工作原理："通过收集食物的小样品并分析其包含的DNA，并将结果与已知真实物种的遗传数据库进行比较，我们可以快速确定某种产品是否已被另一种肉类或海鲜完全替代或掺假。"[13] 在检测绞碎（碾碎）的肉末时，可以确定本不该存在的产品的确切比例（例如上述提及的马肉或狐狸肉）[14]。随着可用基因组数据库的扩大，这种鉴定手段的范围和准确性将不断增加。除了基因组，即使仅分析蛋白质通常也足以识别特定种类的食品，并且进行这种操作所需的设备成本比进行完整的DNA测试要便宜得多[15]。

这表明，所有这些测试的问题在于它们的部署成本很高，而想要进行测试的人员的可用资源通常是有限的。可以采用各种统计方法来帮助实现该过程。例如，化学计量学涉及使用数据按类似特征将样品分组，以限制必须测试的样品数量[16]。正如巴西对食品造假的一项分析所解释的那样，"化学计量学技术与实验室分析相结合已被证明能够成为监控食品造假和掺假的有价值的工具。这些数学和统计方法被用于处理、解释和预测化学数据，以便从分析中获得最多的有效信息。"[17]

风险管理或风险评估是公司和许多政府采用的另一种基于数据的策略，用来决定他们承诺用于阻止食品掺假和食品造假的资源的级别。有时，法律要求进行风险评估，而有时法律未作强制性要求，但公司主动进行风险评估，因为他们认为这样做具有良好的商业意义。所有这些都取决于公司的风险承受能力，这是另一种文化因素，可以通过查看数据来进行部分评估。企业可以使用多种不同的评估工具来帮助他们作出有关资源分配的决策，以预防或限制食品造假。

6.2

检测食品替代

　　无论采用哪种技术，都有两种检测食品造假和掺假的通用方法。一种方法是测试本不该存在的物质是否存在于食品中；另一种是测试是否存在某种东西，即特定的掺杂物。无论你是否了解掺假，第一种方法都有效，第二种方法是否有效取决于与已经发生的掺假相关的信息是否有用[18]。由于掺假可能以不同的方式发生，需要根据食品生产、运输和销售的环境采用不同的测试和策略。即使可用的测试是有效的，生产商或其他人也必须根据他们面对的掺假类型来选择要采用的测试。

　　虽然对现有的掺杂物进行测试通常是有效的，但要跟上犯罪分子不断变化的犯罪手段可能会非常困难。如果要筛查特定的掺杂物，那么你采用的方法就无法发现新的未知掺杂物[19]。一旦采用了一种检测掺假的方法，犯罪分子便会开发出新的掺假产品，通过在测试中给出"安全"的读数来解决问题，即使该食品实际上并不纯净。这在中国三聚氰胺奶粉事件期间就发生过。三聚氰胺为牛奶提供了其本来没有的含氮物质，并且由于当时在中国检测蛋白质含量用氮含量检测法，因此直到很久之后才有人检测出掺假，但为时已晚。只要食品掺假和食品造假的经济诱因继续存在，那么这种动力势必会再次发挥作用。

　　替代是最古老、最简单的掺假形式，可能很难识别，因为发生这种欺诈时，有太多不同的产品可以替代该食品。香料是一个很好的例子，可以说明测试中存在的问题。香料可以通过多种方式掺假，而且它们的植物来源多种多样，因此也需要进行多次测试。例如，香料通常是人工着色的（根据定义其具有欺骗性），但有时这些色素也可能危害食用它们的人们的健康。也有各种各样的掺杂物可以替代各种香料，包括从花生壳到粉笔灰。其他掺杂物可能会完全替代上述香料，就像之前提到的藏红花一样[20]。因此，检测香料中掺假需要进行多次测试。DNA 分析已成功用于鉴定各种草药和香料，包括藏红花和黑胡椒。该方法既快速又相对便宜。质谱分析法已用于鉴定牛至、藏红花和姜黄根。与许多其他食品一样，光谱学和化学计量学的结合已被用于筛选装运的洋葱粉、大蒜和生姜，并取得了一些成功[21]。所有这些基于光波的测试均具有可以区分标签物质和掺杂物的优势，但是当产品呈粉末状时，这是一项特别困难的任务[22]。

乍一看，将一种鱼完全替换为另一种鱼似乎很容易被发现，因为这种做法很大胆，但是鉴定鱼的种类本身就具有挑战。使鱼类如此难以识别的原因是，将鱼切成薄片后，它们的外观会非常相似。一旦经过处理，头部的形状或鳍的大小就再也不能帮助识别它们[23]。识别鱼类的常用方法是进行 DNA 测试。其优点之一是细胞的来源无关紧要，因为整个鱼类的 DNA 都应该相同[24]。现在，南佛罗里达大学开发了一种名为 Grouper Check 的手持设备，该设备使用 DNA 测试技术来确定石斑鱼的真假，并且可以作为今后沿着这些思路努力的模型[25]。

尽管许多不同类型的食品造假普遍存在，政府和私人部门正共同努力来保证鱼的真实性。欧盟现在要求把鱼的学名加入加工鱼制品的标签中，以便有一个可以判断其含量的标准。美国于2014 年成立了国家海鲜欺诈案调查委员会，以寻找解决该问题的最佳解决方案。但是，真正的问题不是测试本身，而是缺乏测试。例如，美国仅对1%至2%的进口鱼进行检查，而且实际上只有一小部分会使用DNA测试技术进行认证[26]。

6.3

检测原产地欺诈和危险掺假

各种海鲜的原产国经常被生产商所掩盖，以阻止人们对其进行化学残留物检测，这种化学残留物通常可能是在生产鱼类的大批量养鱼场中使用的[27]。人们应该定期对养殖鱼类进行毒素检测——不仅仅是检测养殖过程中使用的化学物质，而且还包括在如此狭小空间内饲养这么多鱼而自然产生的细菌。鱼的标签错误是避免这种安全测试的一种方法。更为危险的情况是，有毒河鲀偶尔会以其他物种的名字出现在市场上，这给不清楚自己所吃食物的人带来了风险，因为他们不知道要采取必要的预防措施来安全食用这种鱼[28]。

用埃弗谢德和坦普尔的话来说，原产国测试是"真实性测试中最具挑战性的领域之一"。通常，它需要同时进行一系列测试，以获取生产最受欢迎产品的环境中存在的多种不同元素的同位素比。但是，随着越来越多的全球环境基线数据可用，确定任何事物的确切原产地会变得更加容易[29]。

咖啡已成为仅次于石油的世界第二大利润丰厚的行业。但是，有些咖啡的味道要比其他咖啡好得多，或者其种植或生产方式使其变得更加独特，因而更加昂贵。这使这些咖啡豆成为欺诈的目标。咖啡通常会被部分替代，掺杂物可能是磨碎的花生壳或较便宜的咖啡品种。咖啡也经常以磨碎的混合形式出售，因此很难确定是否发生了部分替代。然而，与许多其他物质不同，测试无法准确地揭示出咖啡是否完全是咖啡，因为有相当多的普通咖啡掺杂物与咖啡豆类似。但是，它可以揭示咖啡来源的真实性。上述新的成分分析方法不仅已成功用于检测掺杂物，而且还可用于确定特定咖啡的确切地理来源[30]。

哥伦比亚咖啡因其品质和生产所用的文化遗产而获得了受保护的地理标志，因此质谱分析法和相关的检测方法已能够将哥伦比亚咖啡与同一地区生产的非常相似的咖啡区分开。降水和海拔高度对咖啡化学成分的影响使这些细微的差异可以察觉。但是，与这项任务相比，将哥伦比亚咖啡与世界其他地区种植的咖啡区分开是一件容易得多的任务[31]。当掺杂物和价格较贵的商品相似时，很难区分相似的事物，没有什么比两种地理来源近（但不相同）的咖啡更相似了。

这引发了一些有关各种食品风土条件的有趣问题。尽管你可以复制特定区域的产品，使它们的化学成分几乎相同，但其产地的确切位置不会突然变得无关紧要。食品化学很复杂；对产地特别敏感的食品中可能有一些化学物质，无法用目前的方法检测到。然而，在特定地方制作食物的传统通常与食物本身的味道一样重要。尽管食品本身在化学层面上可能仅略有不同，但这些差异导致了它们之间的大部分口味差异[32]。这些精妙之处恰恰是使优质咖啡（以及总体上优质的食品）达到最佳状态的原因。

危险的掺假（有意或无意地添加化学物质，威胁食用者的健康）属于食品安全类别。在所有发达国家，数十年来，诸如危险细菌之类的微生物危害的测试一直是人们关注的重要问题。化学污染物可能是恐怖分子用来损害一个国家的食品供应的工具，或者可能是其他工业活动的残留物。这里的问题是，如果利益相关者没有对正确的污染物进行测试，那么在为时已晚之前，他们不太可能发现它们的存在。尽管食品行业无法测试其生产的所有食品，但它可能需要比现在进行更多的测试，以确保所使用的工具是有效的、最新的 [33]。

现在对大多数种类的食品掺假的检测可能要比以往更有效，但是使用这些工具需要资源。问题不再是是否可以检测出掺假食品，而是是否可以检测掺假食品。过去关于是否存在对其进行修复的科学的问题已经变成了是否以使修复成为可能的方式来部署此类资源的问题。正如埃弗谢德和坦普尔所说：

残酷的现实情况是，粮食生产规模如此之大，以至于无法进行常规例行筛查。目前可以产生的最好结果是对我们消耗的所有食物中的一小部分进行随机测试 [34]。

我们愿意承受的风险取决于消费者愿意为经过有效认证的产品支付多少费用。

据推测，任何社会在价格、便利性、纯度和风险方面的文化偏好都会反映在其政府针对食品掺假和食品安全制定的政策中。何时以及要测试什么是制定打击故意掺假的政策时必须回答的最明显的问题。重视食品供应安全和完整性的政府将比那些偏重于其他因素或对掺假的定义更局限的政府投入更多的资源来防止这一问题的发生。那些在食品安全和完整性方面投入较少的政府需要确保他们在该领域中部署的资源得到尽可能有效的利用。

第 7 章

政策、策略和立法

Food Adulteration
and Food Fraud

在十九世纪五十年代，著名的英国医学杂志《柳叶刀》（*The Lancet*）发表了由医生亚瑟·希尔·哈索尔（Arthur Hill Hassall）进行的一系列研究，其研究主题为掺假食品和饮料。虽然早在十八世纪五十年代伦敦面包曝光时就已经认识到了这个问题，但是这些研究促成了新的法规制定，例如 1860 年的《食品和饮料掺假法》（*Food and Drink Act*）和 1875 年的《食品和药品销售法》（*Sale of Food and Drugs Act*）。不幸的是，这些法律以及随后在世界范围内通过的其他法律并未能彻底解决掺假问题[1]。确实，似乎没有任何法律可以制止掺假，因为即使是最严厉的刑罚也不能阻止犯罪分子，犯罪分子总是会在当局无法察觉的情况下作恶。

2014 年，两位孟加拉国学者谢里法·纳斯林（Sharifa Nasreen）和塔赫米德·艾哈迈德（Tahmeed Ahmed）发表了一份关于 1995 年至 2011 年间在达卡进行的关于食品掺假的研究。他们发现那里有一半以上的食品掺假，而且其中许多掺杂物会对食用该食品的人带来危险。这些发现与该国许多关于食品掺假程度的类似研究发现相吻合。他们对孟加拉国食品掺假问题的研究中最引人注目的部分可能是他们列出的该国食品纯度监管法律清单。有 19 部法律，其中许多已经经过修订，大概是为了与时俱进。不幸的是，这些法律的执行权属于政府中的多个部门，每个部门都有自己的食品实验室，并且不能很好地共享必要的信息。该研究的作者认为，严格执行即将颁布的食品安全法规会极大地改善这种情况[2]。

这些与执法有关的问题表明了该国食品安全问题的根源。孟加拉国政府无力执行其为防止掺假而制定的规则，而消费者没有政治影响力要求国家分配资源用于制止掺假。但是，移动法庭突袭可能是制止掺假的有效手段。移动法庭是一种把法庭移至发生违法行为的地点，而不是待在司法大楼中等待执法人员把违规者带到那里的方式。尽管它们的使用可以适用于广泛的法律，但在执行食品纯度法律时它们特别重要，因为它们是在整个食品体系中重新建立消费者信任的一种方式[3]。

纳斯林和艾哈迈德发现，当移动法庭积极测试食品的合规性时，达卡的掺假食品数量减少了，而这种改善正是在这些法庭加强执法的情况下发生的[4]。腐败是困扰孟加拉国与食品有关的执法的一个特别重要的问题。"你认为食品掺假减少了吗？"纳斯林和艾哈迈德引用了一位官员的反问，"它只是表面上减少了，事情仍然在暗中进行。只要我们国家腐败盛行，它就不会减少。不诚实的交易者会通过手机事先获得移动法庭突袭的信息。"[5]这导致该国最高法院要求建立移动食品法庭的一项法律通过四年之后，还没有建立一个单独的法庭[6]。

随着商业的发展，保护食品的纯度和安全性是政府首先要做的一件事。对于政府来说，如果想要经济正常发展，这是至关重要的职能，因为如果劳动力被毒害或营养不良，其将无法正常纳税。自从食品跨越国际边界以来，保护其纯度已成为国际合作的最重要领域之一。在食品安全方面，策略共享是这些合作方式之一。如果发达国家在这方面帮助发展中国家，则可以提高安全性，从而使这些国家可以成为潜在的贸易伙伴。在某些国家，政府在确保食品供应链中的食品的真实性方面做得很不好，而私营公司可以起到补充作用。

政府为了提高其要执行的食品安全法的有效性而采取的最有效的策略可能是将其执法机构整合为一个整体。美国政府问责局于 2005 年进行的一项研究发现，七个不同的国家（加拿大、丹麦、德国、爱尔兰、荷兰、新西兰和英国）都已采取行动将其食品保护工作整合并由一个机构负责，并且取得了满意的成果[7]。2015 年，英国将其在食品安全和防止掺假方面的所有工作整合并由国家食品犯罪部门负责。其运营所在的许多司法管辖区是国际层面的，在这个时代，这是绝对必要的，因为许多不同商品的供应链都跨越了国际边界[8]。

决定国家掺假问题的严重程度的重要因素不仅是法律本身，还包括与这些法律有关的执法水平。一个社会对腐败的容忍是一个因素。其政治体系的整体结构也是一个因素。安东尼·温森（Anthony Winson）认为，"本质上，掺假具有政治敏感性，这不仅是因为消费者可能受到伤害，而且还因为遏制掺假会影响既得利益。"[9] 既得利益获得者可以做的最简单的事情就是限制食品法的效力，进而限制根据食品法颁布的惩罚措施。如果与潜在利益相比，违反法律的成本微不足道，那么大多数骗子将继续违反法律。

7.1

政策协调

负责处理食品安全问题的不同政府机构之间的协调可以帮助限制食品被污染的可能性，因为协调可以使每个机构的工作更加有效。协调提高了政府机构发现污染问题以及进行干预以限制这些问题可能造成的损害的能力。另一方面，出于经济动机进行掺假，则需要采取更积极的应对措施，因为这通常需要制止罪犯[10]。主动响应可能涉及使用数据进行预测；例如，当某个特定产品的生产水平数据保持稳定时，若声称包含该产品的产品数量明显增加，则可能表明掺假或造假行为正在发生。这使监管机构可以使用上一章中介绍的检测方法来更轻松地决定将资源投资于何处[11]。

近年来，有关食品安全的国际对话已促使人们重视世界范围内从农场到餐桌的风险管理。不同种类的掺假在不同地方具有不同程度的风险。例如，在政治不稳定的国家，恐怖分子投毒是一个更大的威胁。与公司雇员相比，职业罪犯会实施不同类型的掺假，因此造成了不同程度的风险，并且需要采取不同的应对措施。

对于大多数事件，食品安全检查的跨境协调在当今的全球经济中绝对至关重要。食品大量进口时，任何国家都无法保证其出售的所有食品都是安全的。联合国通过其世界卫生组织（WHO）在这方面发挥了重要作用。世界卫生组织为政府和私人实体提供风险评估，以帮助他们提高跨越国际边界的食品的质量[12]。关于其工作，举一个特别重要的例子，在孟加拉国，除了向该国引进现代风险管理技术外，它还帮助该国政府建立了机构，以便其可以加强执行现行法律，致力于提高生产商对食品安全问题的认识，训练卫生专业人员，以使其能够为受害者提供更好的治疗[13]。

食品法典委员会（CAC）由联合国粮食及农业组织（FAO）于1961年成立，世界卫生组织于1962年加入了食品法典委员会，该委员会已帮助全球几乎每个国家制定了食品安全和质量标准。如今，该组织对促进食品安全问题的科学风险评估更加感兴趣。

这有助于提高全球对此类问题的回应质量^[14]。确定某种产品是否掺假的两个最重要的标准是食品添加剂和污染物。CAC 的食品添加剂标准列出了那些被认为是安全的食品添加剂（由 FAO 和 WHO 决定）及其最大可接受量。对于污染物，标准清单列出了可能最终进入食品的背景化学品的数量限制，包括农药残留物和兽药^[15]。与其他地方相比，这里的掺假与可接受之间广泛认可的跨文化界限更明显。

2012 年，一家非营利性私营组织美国药典委员会（USP）开始开发食品造假数据库，其中包括掺假的每种食品及其掺杂物的相关记录。它还描述了用于检测此类食品造假的措施。这些信息源自贸易目录和媒体报道等，旨在由对食品造假风险评估感兴趣的人进行数据挖掘。其数据库中涵盖的造假行为既包括替代品，也包括危险的掺假物品，这使最终食品具有健康风险^[16]。2018 年 6 月，美国药典委员会将其食品造假数据库出售给了私人信息技术公司 Decernis。这强调了这类数据库的作用，它们是风险评估的专用工具，而不是公共政策的工具^[17]。

但是，当供应商更好地掌握产品成分的来源时，使用数据库来决定在供应链中哪一环节进行测试就变得没有必要了。可追溯性较容易制止食品造假，因为它可以实现在供应链的每个步骤中定位食品和食品成分。严格的可追溯性法规降低了出于经济动机进行掺假的可能性，因为潜在的犯罪分子会认识到他们被抓的可能性更大了，并且，如果确实发生了掺假，则利益相关者更容易找到确切的问题来源。

有两种可追溯性。第一种是物流可追溯性，即跟踪产品物理移动的能力。第二种是定性可追溯性，它把有关产品的特定信息

（例如食品是否为有机种植）与食品本身的移动联系起来。一种流行的跟踪系统是射频识别（RFID），其已被大型国际企业集团（如沃尔玛）广泛使用[18]。

可追溯性已被私营公司采用，被寻求改善其食品供应安全性的政府所接受，并已被公共部门视为所有领域食品安全的要求[19]。欧盟欧洲委员会在2002年的《通用食品法》（*General Food Law*）中将可追溯性定义为"在生产、加工和分配的所有阶段都可以追溯和跟踪食品、进料和原料的能力"。拥有这种能力使得更容易让掺假食品退出市场，并有可能向消费者提供有关如何避免掺假食品的更好信息。欧盟要求供应商必须知道在其经营的供应链中，他们之前的步骤和他们之后的步骤[20]。虽然这并不意味着每个人都要亲自了解整个供应链，但在发生危机时却可以将这些信息拼凑起来。

使食品更易追踪的最有趣的工作之一是全球鱼类生命条形码计划（FISH-BOL）。这项工作的主要目的是确定所有已知鱼类的DNA序列并将其发布到万维网上。这将有助于鱼类学分类，而且一旦该信息广泛可用，通过DNA条码以及后续测试确定和跟踪出售给消费者以供食用的鱼类种类也会变得更加容易。正如该计划的网站在其愿景声明中所解释的那样，"鉴于全球渔业的估计年价值为2000亿美元，FISH-BOL解决了与商业渔业市场替代和配额管理相关的社会问题。"[21]这个小组已经在实现其崇高目标方面取得了巨大进展[22]。

在美国，2011年的《食品安全现代化法案》（*Food Safety Modernization Act*）包含了几项旨在提高食品可追溯性的规定。其中包括旨在改善私有基础设施以使之成为可能的一系列建议，以及有关基础设施改善的建议，这些建议将使公司更容易提出建议，并使 FDA 能够更严格地执行已存在的要求。这些努力始于试点项目，但其目的是为了找到最佳的系统和方法，以便进一步发展有关可追溯性的法律要求[23]。

7.2

私营部门的策略和政策

在阻止食品掺假的斗争中，可追溯性之外的下一个层次是认证。食品认证所涉及的技术可以证明未掺假的食品确实未掺假，而无需测试食品以确认其是否被一些可能的方式所污染。像 FISH-BOL 一样，一项工作涉及尝试开发食品电子标签，以便可以像跟踪瑞士钞票一样对食品进行认证。DNA 数据库是技术可能实现这一目标的另一种方式。如果食品与标签相匹配，则应从存档的 DNA 信息范围中将其清除，然后将其出售。希望有一天，另一项技术，即核磁共振测试，甚至有可能确定一种食品是否为有机食品。这是一项特别艰巨的任务，因为有机食品和无机食品在基因上是相同的[24]。

全球食品安全倡议（GSFI）是由食品零售商、制造商和其他行业参与者于 2000 年创建的非营利基金会，旨在提高食品安全性。虽然 GSFI 无法证明生产商的资格，但它有助于设定食品安全基准，从而有助于全球食品供应的持续发展[25]。GSFI 一直是全球最重要的私营食品安全组织，因为很多公司都遵循其指导原则，而该指导原则本身是基于全球食品法规的全部内容——遵循

GSFI 指导原则的公司无论在世界何处销售都必须符合标准[26]。

在其他地方，由私营公司领导的反掺假工作可以帮助提高那里的生产商的标准[27]。

中国的食品标准与美国和其他发达国家的食品标准相当。中国小型食品企业数量众多，保证所有企业都遵守法律比较困难[28]。

近年来，私人组织验证食品标签的准确性并防止掺假在全球已变得越来越重要。埃弗谢德和坦普尔写道：“食品的真实性成为影响消费者选择的重要因素，因此，食品行业将进一步受到激励，加强对其流程的审核并减少其遭受食品造假的风险。作为消费者，我们的职责是追究行业责任。”[29] 实际上，有一家蒸蒸日上的食品认证企业，随时准备为想要确保消费者安全和自身诚信的食品生产商服务。现在，这个新兴行业拥有多个全球参与者，并且在全球范围内运作——从美国和欧盟到食品掺假问题极为严重的发展中国家。

向亚洲出口许多食品的澳大利亚采取了特别激进的方式。一家乳品公司已将其封闭式供应链发展到了亚洲。澳大利亚猪肉产业已经开始了一个流程，该流程使供应商可以验证最初生产进口产品的国家、州甚至农场。食品安全专家 Steve Lapidge 博士解释说，“其他公司现在正在提供基于同位素比、关键微量元素、DNA 图谱、质谱、便携式光谱以及与生物气候、水以及用于生产食物的基础地质和土壤相关的代谢组学的独特关联的产品验证的替代方法。”[30]

仅举一个跨国界自我调节的行业为例，True Source Honey 是美国蜂蜜公司建立的一个组织，它与加拿大和越南等其他国家 /

地区的生产商进行合作，目的是实施美国反倾销法和打击原产地欺诈行为。由于质量较差、标签错误的蜂蜜会损害有道德的生产商的经济生存能力，该组织的成员已建立了基础设施，以确保高质量标准和可追溯性，并确保其蜂蜜的标签是正确的。满足这些要求的蜂蜜公司将从该组织获得私人认证标志[31]。

使这些私人组织变得有必要的原因是近年来发达国家政府削减其食品安全和食品纯度执法工作力度的趋势。例如，在英国，自 2008 年以来，负责进行许多食品执法工作的地方政府已经减少了 63% 的员工[32]。在美国，2018 年 FDA 预算提案建议从该机构的食品安全计划中削减 8300 万美元[33]。如果负责执法的机构没有资源，则没有任何法律可以使公众免受掺假或食源性疾病的影响。提供给这些机构的资源数量以及与专门用于其他优先事项的数量相比情况如何，反映了政府对待掺假的态度。

7.3

政府态度和政策

任何面临食品掺假问题的政府都将不可避免地将威胁公共安全的违法行为置于消费者欺骗之上，因为公共安全是其使命的核心。各国政府也倾向于将执法重点放在工厂或加工设施等食品供应体系的物理部分，即使掺假往往发生在这些固定区域之外。与食品造假和掺假作斗争的各方已经开始制定更积极的策略，从一开始就支持预防而不是在事件发生后进行缓解。如今，总的趋势是着重于解决供应链中的结构性问题，而不是简单地试图限制任何特定事件的影响。这就需要将犯罪学和企业管理方面的见解纳入各种反掺假工作中[34]。

　　每当政府介入食品生产时，很难确定掺假和可接受之间的灰色地带的法律内容。食品生产商可以自由游说政府，以扩大他们在加工产品时允许使用的化学品范围以及被视为可接受的数量。由于全球化的长供应链，消费者看不到生产商，食品生产商也看不到消费者。这意味着生产商可以违反法律，或者至少可以掺假，而几乎不用为此行为承担责任。规避旨在防止掺假和促进食品安全的法规是因为人们常常认为利润动机是一种文化要求[35]。

　　在美国，是否批准关于给定的食品添加剂或色素的决策完全取决于FDA，它是政府的行政分支机构，近年来已高度政治化。该机构在该主题的引言中写道："由于科学的固有局限性，FDA不能绝对确定使用任何物质都不会造成任何风险。""因此，当根据建议使用添加剂时，FDA必须根据现有的最佳科学来确定是否有合理的确定性其不会对消费者造成伤害。"还有两类可以不适用此类法规的添加剂：已经在1958年的《德莱尼条款》（*Delaney Clause*）中被接受的，以及被FDA定义为"通常被认为是安全的"（GRAS）。[36]甚至雇用一个中等有效的游说者来影响你所在食品行业的检查制度，而食品制造商可以利用现有法律中的漏洞将任何没有明显毒性的物质加入食品中。

　　另一方面，与美国相比，在欧洲获得新食品添加剂的批准要困难得多。例如，专为美国市场生产的卡夫奶酪通心面，包含食用色素黄色5和黄色6（分别为E102和E110）；这些添加剂在美国通常被认为是安全的。对于英国市场，标准严格得多，因此生产的同种产品不含这两种色素[37]。欧盟即使在对某种物质进行安全性测试之后，也要求新添加剂还必须满足用其他方式无法满足的技术需求，并且不得误导消费者，必须对消费者有利。即使这样，添加剂的使用也必须得到常务委员会、欧洲理事会和欧洲议会的批准。欧盟会定期对先前批准的添加剂进行重新测试，以查看它们是否仍符合该组织的严格安全标准[38]。

在欧洲，决定是否接受食品添加剂的整个举证责任与美国的做法相反。使用商业化学品的生产商必须在使用化学品之前证明其产品是安全的，而不是像在美国那样，在食品进入食品供应链后由政府对其进行测试。大量添加剂，例如用于防止柑橘味液体分离的溴化植物油，或面包中使用的增白剂偶氮二甲酰胺在美国是合法的，但在欧洲是被禁用的[39]。欧盟的文化使他们不愿为了贸易而拿公民的健康冒险。

欧盟法规通常将致癌物和毒物的阈值水平设定的比美国低得多。欧盟食品掺假法规要求保护消费者免受"欺诈性或欺骗性行为"和"任何可能误导消费者的其他行为"的影响。各个成员国可以根据其需要进行进一步的保护[40]。欧盟的《通用食品法》（*General Food Law*）明确规定，整个食品链中的所有参与者都有义务确保其食品安全。正如欧盟描述该法律的网页所解释的那样，"在确保内部市场有效运作的同时，确保了对人类生命和消费者与食品相关的利益的高度保护。"[41]

另一方面，美国政府更愿意拿消费者的安全冒险。其法规仅要求制造商"进行危害分析，以识别和评估……在你的工厂生产、加工、包装或保存的每种类型的食品的已知或合理可预见的危害，以确定是否存在需要预防控制的危害"[42]。与美国的许多问题一样，与欧洲的情况相比，政府更多地依靠公司来进行自我监管。

例如，在海鲜方面，欧盟有50％的进口产品都印有检查员的批准章。2010年，美国只有92名专职检查员，每年检查进口到该国的2500万公斤（5600万磅）海鲜[43]。

各国对待掺假的态度差异巨大，其最好的解释是因为文化。政府愿意容忍的公民风险是一个文化问题。政府分配资源的方式也会受到这些文化倾向的影响。他们对创新的相对兴趣也是如此。尽管科学可以揭示什么东西很危险或什么东西不危险，并且有助于检测特定食品中的非天然成分，但在科学不确定的地方，文化是决策的主要决定因素。通过这种方式，它可以帮助确定应该吃什么食物。

第 8 章

结语：掺假与文化

Food Adulteration
and Food Fraud

作为一种具有防腐功能的成分，苯甲酸钠被用于许多饮料、人造黄油、果冻、果酱、果汁，甚至预先准备好的沙拉中。它也用于许多药物中，甚至可以用作铁的防锈剂[1]。美国消费者监管机构公共利益科学中心认为，苯甲酸钠及其类似物苯甲酸似乎"对大多数人来说都是安全的，尽管它们会引起荨麻疹、哮喘或其他敏感个体的过敏反应"[2]。欧盟食品安全部门——欧洲食品安全局在 2016 年重新评估了食品添加剂苯甲酸钠，发现"现有数据未显示其具有任何致癌倾向"[3]。但是，这并没有阻止关于苯甲酸钠的争议。

在 2017 年年初，美国快餐连锁店 Panera Bread 宣布已从菜单中删除了人工成分。这些成分包括食品添加剂，如人造色素、防腐剂和甜味剂，这些添加剂已经获得 FDA 的批准，如硝酸钠、磷酸钠和苯甲酸钠[4]。到 7 月，该公司在社交媒体网络推特（Twitter）上的行为已开始引起人们的关注，以吸引对健康敏感的消费者。该公司在推特上提到苯甲酸钠时说，"你们可能觉得我们疯了，但我们相信，如果它出现在烟花中，那它就不应该出现在你的食物中。"[5]对那条推文的一些回应绝对是严厉的。"Panera 散布的反科学恐惧是荒谬的。我再也不会在那儿吃饭了。"有人说道。也有人说道，"你也可以用糖做烟花，蔗糖……'化学物质令人恐惧'的恐惧策略非常荒谬，就此打住。"[6]这代表着美国对待食品添加剂的态度可能发生巨大的变化。至少有一小部分人不惧怕化学防腐剂，而是愿意在推特上捍卫它们。

当然，许多其他美国人仍然害怕化学防腐剂。"如果你使用 Google 搜索'苯甲酸钠'，你可能会看到许多愚蠢的内容。"化学家兼《科学》（Science）杂志的作家德里克·洛（Derek

Lowe）在回应 Panera 的推文时写道：

有很多网站都相信，虽然苯甲酸是一种新鲜、健康、天然的成分……但是苯甲酸钠是一种恶魔般的工业化学物质，它会腐蚀你的灵魂……因为我知道这里的大多数读者对酸 / 碱化学有一定的了解，所以你们所有人肯定皱着眉表示疑惑[7]。

如今，对"化学物质"的偏见导致 MSG 备受争议。

但是，目前仅有的论据就是文化变化的证据。一家美国休闲餐厅将无化学物质作为卖点，因为人们担心那些自己不完全了解的添加剂。但是至少有一些美国人对他们的食物成分有足够的了解，可以去谴责这种策略从而消除人们的恐惧。苯甲酸与苯甲酸钠相似，在许多食品中都天然存在，例如蔓越莓。此外，苯甲酸钠无毒，因此其与任何人的死亡并没有直接联系[8]。人们越来越习惯于食用添加剂，它们的存在也变得越来越有争议——但是不太可能被视为掺假。还需要解决的问题是，这些天然存在的化学物质中有多少是安全的，以及对谁来说是安全的。Panera 本来可能会提出类似的论点，即"不含苯甲酸钠的食物味道更好"，但他们却提出了有争议的论点，因为他们认为这会吸引更多的关注，并且他们这样做的话会吸引更多的顾客。尽管美国食品供应工业化已有一个多世纪，但这仍有可能会吓到人们。

人们在考虑食品掺假问题时犯的最重要的错误是将欺骗性食品与不健康食品混淆。加入苯甲酸钠使食物保持新鲜，可能被认为具有欺骗性，因为它可以人为地延长含有其成分的食品的保质期。然而，科学共识非常清楚，这种做法不会威胁任何人的健康（至少在人们食用正常量的加工食品后可能会摄入的防腐剂的数量上）。掺假对健康的直接威胁主要存在于其他地方。随便将添加剂与更严重的掺假联系在一起，来加剧对添加剂的恐惧，这对消费者很不利。利用某些社会比其他社会更容易受到这种争论影响的事实，文化力量扭曲了公共安全事业。

在类似的问题上，美国和欧盟之间的差异正在显现。与美国划定的界限相比，在可接受的做法与不可接受的做法之间，欧洲人划定的界限更倾向于不可接受的做法，因为美国倾向于欢迎风险和创业实验，但欧洲倾向于优先考虑安全和传统。但是，许多美国人仍然对食品供应商提供的在杂货店货架上销售的商品的快速变化感到恐惧。在美国，对待政府的一般文化态度使这种趋势变得更糟。

的确，当涉及食品成分时，世界上许多发达国家的食品消费者很容易被吓到，因为他们倾向于把掺假视为二元条件：他们把食品分为掺假的和不掺假的，而事实上掺假的程度各不相同，甚至更重要的是，人们对此问题的接受程度也不同。历史学家詹姆斯·E·麦克威廉斯（James E. McWilliams）引用了英国新闻记者罗伯·里昂（Rob Lyons）的话，比较了"工业化"和"加工"与掺假之间的流行等式，以及看起来自然的东西与"纯净"的等式。麦克威廉斯认为，"当代食品生产的现实，无论是有机食品还是传统食品，无论是大规模的还是小规模的，都无法遵循这种纯净／腐败的脚本。"[9] 以这种方式看待掺假问题，真正的争论变成了应接受何种程度的掺假，而不是如何彻底消除问题，甚至掺假的定义也可以被质疑。

8.1

GMOS 是掺假吗?

不可接受的掺假会立刻给消费者带来严重危险。消费者愿意接受多少风险是一个问题，它要求社会充分了解这些风险。严重的食品安全事件显然很重要，但并没有揭露事实，因为所有文化都认识到毒害消费者是永远不可接受的。这是中毒和大多数部分替代之间的最大区别。与掺假食品有关的文化差异较大时，风险程度是不清楚的。

1992 年，转基因和基因改造生物 (或 GMOS) 在美国合法了。根据该法规销售的第一种此类食品是 Flavr Savr 番茄，该番茄于 1994 年首次亮相。FDA 允许出售转基因食品的理由是，它们与传统食品基本相同[10]。这项决定是在 1990 年世界卫生组织和联合国粮食及农业组织发表声明后做出的，结论是基因改造是"现代育种技术连续性的一部分"。这两个组织在 1996 年发表的一份后续声明中指出，任何转基因食品 (GM) 的安全性评估均应基于该食品与该食品的非改造版本之间存在的实质等同性[11]。尽管其安全性还不确定，但很明显，该概念已考虑到与掺假有关的想法。如果两种食品基本相同，则没有理由不用另一种代替。

现在，转基因食品已成为美国食品供应的重要组成部分。早在 2003 年，杂货制造商协会就估计，在美国销售的所有加工食品中，有 70% 到 75% 存在转基因生物[12]。现在，美国几乎所有的玉米和大豆作物都经过了基因改造。虽然仍然存在反对意见，但由于没有强制性要求必须在美国食品标签上注明转基因产品，许多美国人在不知情的情况下食用了此类产品。这是因为政府和生产这些农作物的公司担心消费者会避开它们[13]。

对于那些怀疑转基因食品对人类健康有影响的人来说，就像世界上大部分地区的情况一样，它们与任何其他慢性毒药无异（尽管没有把死亡或损害与这些产品的消费直接联系起来）。这种动态解释了美国公众和世界上大多数其他国家对于将转基因食品引入其各自的食品供应中的反应。现在，全世界有十分之一的农田专门用于种植转基因植物。2013年，有28个国家/地区种植了转基因农作物，这些农作物具有抗虫性或除草剂耐受性等有用特性（更容易保护它们免受杂草的侵害）。但是，种植这些转基因作物的土地大多仅限于四个国家：美国、加拿大、巴西和阿根廷[14]。

在美国，大多数人很可能已经忘记了他们的许多食品都是转基因的，而不是他们决定信任生产商。大多数转基因食品都没有标签，因此仅通过观察无法识别大多数转基因产品。当消费者不知道他们的食品是如何被制造或被加工时，他们就无法得知某些东西已经被掺假了。如果没有关于基因改造食品的全面信息，也没有了解特定工程技术可能带来的利弊，那么人们可能会认为GMOS并非天然产品，因此总是不好的。标签上没有足够的空间向美国消费者解释基因工程的优点，因此他们常常一无所知[15]。

在欧洲，人们对基因改造食品的信任度非常低，公众的压力已经很大，足以将大多数此类食品拒之门外。这些文化差异具有重要的经济影响。截至2013年，欧盟仅允许在当地种植两种转基因作物，一种是玉米，另一种是马铃薯，后一种已被撤出市场。

欧盟有 10 个国家禁止了该玉米品种，4 个国家禁止了这种马铃薯。同样重要的是，欧盟对 GMOS 的敌意已被世界其他国家复制，包括亚洲和非洲许多国家[16]。2018 年 7 月，欧洲法院裁定，由新的基因编辑技术创造的农作物同样受到转基因生物一般禁令的制约，而该禁令一开始就阻止了该技术在欧洲的发展[17]。

新的基因编辑技术和 GMOS 有什么区别？康涅狄格大学的植物遗传学家李义（Yi Li）解释说：

转基因是指以非自然进化方式改变植物和动物。一个非常明显的例子就是将一个基因从一个物种转移到另一个物种，赋予该生物一种新的特性，例如抗虫性或抗旱性。

但是在我们的工作中，我们并没有将动物或细菌中的基因剪切和粘贴到植物中。我们正在使用基因组编辑技术，通过直接重写植物的遗传密码来引入新的植物性状。

这种新型的基因编辑技术称为"成簇的规律间隔的短回文重复序列"或简称"CRISPR"[18]。

消费者是否能区分基因编辑植物和引入新基因的植物，取决于他们克服掺假启发型思维的能力。很难争辩说，在植物生长过程中就存在的某种东西不属于食物。随着基因改造的侵入性降低以及时间的推移，经过基因改造的生物将变得可以接受。如果没有人因它们而生病，那么在某些文化中可能被视为掺假的许多其他改造最终也将在那里变得可以接受。不过，这并不能阻止世界上大部分公众继续担心食物的变化。

显然，除了是否可以安全食用的问题外，转基因生物还有许多其他问题。那些都能写成一本书了。但是，仅就其安全性而言，已经达成了科学共识。保罗·恩里克斯（Paul Enriquez）在《北卡罗来纳州法律和技术杂志》（*North Carolina Journal of Law and Technology*）上写道："迄今为止，所有机构、政府和国际组织以及分析转基因食品安全性的科学文献得出的结论都是，与传统育种方法培育的食品相比，食用转基因食品对人类健康的威胁不会更大。"[19] 大多数欧洲国家无视这种共识，因为它们有足够强大的政府对他们认为的危险掺假和潜在环境威胁实施严格的限制。

印度的转基因食品情况完全相反。作为一个发展中国家，印度认为对农业生产力的需求比转基因生物可能带来的任何风险都更为重要[20]。因此，尽管法律禁止在该国生产或使用转基因食品，但转基因食品在杂货店依然存在。由于标签错误和执法不力，含有转基因生物的食品被进口到该国，印度消费者在不知情的情况下食用了它们[21]。

将转基因食品首次引入美国的食品供应市场二十年后，美国人对它们的态度开始变得更加好了。最近民意测验显示，不愿意食用转基因水果和蔬菜的消费者仅比愿意食用转基因水果和蔬菜的消费者略多。尽管转基因食品还远没有被广泛接受，但是与首次引入时相比，这是一个重大变化[22]。即使欧洲许多国家的公众仍然普遍反对转基因产品，但农民还是比较支持这种生物技术的。调查表明，德国、捷克共和国、英国、西班牙、法国和匈牙利的农民大力支持使用各种转基因作物。在瑞士进行的实际营销实验表明，如果有机会，欧洲消费者会购买转基因食品[23]。

这表明反对使用转基因食品的可能性会有所降低，这反过来又可能适用于显然并非不健康的各种掺假。将有关 GMOS 安全性的科学定论与人们不会因食用它们而丧命相结合，就容易想象未来可能会发生的事。新技术可以廉价、快速和精确地编辑植物中的基因，因此有可能改善风味，甚至提高植物的营养价值。因为对基因改造的非理性恐惧而失去这些优势将是可耻的。

8.2

食品恐惧

1999 年，一所比利时中学的一群孩子开始感到不适，抱怨胃部不适和头痛，并被送往医院。调查人员将该事件归因于一批气味奇怪的可口可乐。第二天，比利时的新闻媒体广泛报道了这个事件之后，又有四所学校报告称在孩子中暴发了疾病。作为回应，当局将该国的每种可口可乐产品都下架了。这是公司历史上最大的一次召回 [24]。经调查，可口可乐公司透露，当地装瓶厂的一些二氧化碳已被硫化氢污染，因而产生了奇怪的气味。但是数量很少，不足以引起疾病。

记者和作家马尔科姆·格拉德威尔（Malcolm Gladwell）在讲述这件事时说，实际上，比利时的消费者被恐惧所困扰。在半数有孩子患病的学校中，五分之四的患病儿童甚至没有喝过可口可乐。这种事件在医学文献中被称为群体性社会性疾病（也称为集体性癔症）。比利时学童对掺假的恐惧引发了真正的症状。硫化合物的恶臭足以引起受污染可口可乐附近的学童的过激反应，他们甚至根本不喝可口可乐。但是，实际上没有人中毒 [25]。

可以在各种具有现代食品供应的文化中发现这种妄想症，其原因在于人们常常对所吃的食物一无所知。人造色素会欺骗我们的眼睛。人工香料会欺骗我们的味蕾。食物的气味与食物的味道有着千丝万缕的联系，科学也可以通过改变这一特征来操纵我们对饮食的反应。难怪比利时和其他地方的人们担心，即使有一点点异常，他们也会中毒。没人了解他们食物的真假。

全世界都是如此。在过去的几十年中，中国的食品供应经历了大约 100 年前在西方国家发生的那种工业化。一些中国消费者开始偏爱外国产品，因为他们认为这些产品更值得信赖。正如一项研究发现的那样，"参与这项研究的中国消费者无法将出于经济动机掺假的事件与食品安全风险区分开来，而食品安全风险隐含着潜在的健康风险。" [26] 不管理由是否正当，所有食品都会引起恐惧；一些中国消费者已经开发出处理这种情况的应对机制，但是这些机制不一定基于良好的科学。

对于某些其他类型的掺假，反应是不同的。例如，尽管警告过许多鱼类会吸收其环境中的有毒化学物质，但在 20 世纪 60 年代至 2005 年期间，人均鱼类消费量在世界范围内几乎翻了一番 [27]。这表明，尽管有风险，只要有能力获得这些食物，人类就会吃自己想吃的东西。即使他们知道与某些食物有关的风险，很多人，甚至是受过教育的人，也完全有可能否认这些风险的存在。对于生活在各种信息自相矛盾的文化中的人们尤其如此，并且若大家想法一致，则会强化这些观点。食品历史学家莎拉·洛曼（Sarah Lohman）认为，"对'化学物质'的恐惧已成为美国饮食文化中的一种疾病，它违背逻辑且仅基于情感。" [28] 更好的说法是美国人担心他们知道自己正在消费自己不理解的添加剂。

食品生产商，无论是否合乎道德，在确定食品中所含的成分时始终会比消费者领先一步。如果一种文化认为某种成分是不可接受的，那么那些生产商会不可避免地使用其他成分。资本主义是一种以利润之名促进产品创新的不可抗拒的力量。许多创新在其被引入的文化中视为掺假。但是有时接受掺假只是时间的问题。如果死亡与转基因食品一样与特定的创新没有直接的联系，那么几乎可以默认其可以接受。

我们害怕的东西是我们碰巧吃到的任何食品中不存在的东西。厨师和食品生产商可以创新，说服消费者接受这些创新，因为生产的食品很可口。当看不到成分时，人们很难理解为什么需要进行此类更改。大多数公众对化学或生理学不甚了解，因此这些变化似乎会对他们的健康构成威胁。这些文化反应几乎可以不由自主地从人群中产生，首先是在整个人群中蔓延的令人讨厌的下意识反应。人们往往更害怕自己不熟悉的食物，因此他们所在地区可获得的食物种类受该反应的影响。但是，在一个日益全球化的世界中，随着更多的社会拥有更多种类的食物，文化将有可能超越地理。

尽管人们的强烈感情是无法消除的，但在掺假和可接受之间的广阔灰色地带内的文化决定会受到外界影响。市场研究是一种方法，既可以让公司了解消费者是否可以接受某些东西，又可以弄清如何影响消费者以寻找可以接受的特定创新。当必胜客决定将马苏里拉奶酪放入比萨饼皮中时，市场研究告诉他们这是可以接受的。当麦当劳想要制作一个用煎饼代替面包的手持式早餐三明治时，市场研究表明，加热后熔化的枫糖味晶体可以代替枫糖浆[29]。许多快餐店将量身定制他们的菜单，以满足其经营所在国家 / 地区的文化敏感性。相反，星巴克在新加坡、日本和泰国的分店会出售含有咖啡果冻的星冰乐，以迎合当地口味[30]。在

世界上其他的国家 / 地区，那种饮料很可能并不会为大众所接受。

在美国，消费者愿意为不含任何种类人工添加剂的食品支付高价。因此，越来越多的公司致力于使自己的标签"干净"，并限制其中含有的听起来奇怪的成分的数量，以便确保相关消费者不会被吓到。一家公司成功地重新设计了他们的产品，并将其中一种冷冻晚餐的成分数量从 60 减少到 15 [31]。假设去除的添加剂已获准用于食品中，那么诸如此类的举措实际上可能不会对任何人的健康产生重大影响。他们可能只能减轻人们对食物的最不理性的恐惧。

8.3

用知识与恐惧作斗争

烹饪历史学家和食品作家比·威尔逊（Bee Wilson）认为，了解美味健康的食物是一种对抗掺假的有用方法，因为它可以为消费者提供参考，以识别掺假食物。威尔逊认为：

这种策略不仅为农业社会服务，而且为我们大多数人现在生活的现代工业民主国家服务。它使消费者重新获得对食物的认识，从而解决了生产商和食用者之间的长链问题。与其他许多打击食物骗子的方式不同，它不会扼杀快乐或过分加剧恐惧[32]。

事实上，知识可以减轻恐惧和抑制愤怒[33]。未掺假的食品通常味道更好；吃好的食物，其可能未被掺假。这不是一个坏规则，但这并不是万无一失的。

为了避免掺假食品变得更容易，消费者还应该了解所食用食品中的化学物质的相对风险（与食用无化学物质的食品相比）。现代消费者普遍高估其所食用食品的风险。实际上，任何人吃东西时面临的风险均不能绝对确定，更重要的是，我们必须认识到这种风险永远无法消除。历史学家瑞秋·劳登（Rachel Landan）解释说："虽然我们对苹果中的农药、金枪鱼中的汞和疯牛病感到担忧，但我们应该记住，摄入食物本来就是危险的，而且一直如此。许多植物同时含有毒素和致癌物，其含量通常远高于任何农药残留。烧烤和油炸的风险更大。"[34] 加工实际上是可以为群众带来更安全、更方便的食品的一种方法。为了某种错误的安全感而避免这样做将是一个错误。

关于食物应该是纯净的建议应该是讨论的起点，而不是终点。当很少有人了解社会想要解决的问题的确切性质时，很难对哪些食品添加剂是危险的，哪些不是危险的，或者那些公认的危险物质的可接受限值是多少进行认真的讨论。对纯度感兴趣的人仍然必须考虑在所谓的纯净食品中可接受哪些天然化学物质。为了使食品保持纯净，可以接受何种程度的加工也是值得考虑的。

了解整个食品体系很重要，因为掺假不会留下任何视觉线索或奇怪的回味。更重要的是，与掺假同样重要的严重问题也不会留下明显的迹象。例如，饲养鸡或猪的方式对所得肉的外观和质量能产生巨大影响。胡萝卜所生长的土壤的质量将极大地影响沙拉的味道或炖菜的味道。任何惧怕化学物质但对这些事实不感兴趣的文化都不会对食物持健康态度。我们对食物的生产方式了解得越多，我们担心所吃食物的可能性就越小。吃新食物不可避免地会带来一定程度的风险。如果没有关于我们食物中所含确切成分的充分信息，就不可能真正评估这种风险的程度。

第 8 章　结语：掺假与文化

仅仅因为你不知道食物的来源，并不意味着你无法找到。旨在限制掺假造成的损害的可追溯性做法可以帮助消费者确定他们的食品是否是正宗食品，以及它是否代表他们想要宣传的价值类型，例如为有道德的食品公司产品支付额外的价格。国际快餐业巨头麦当劳作为餐厅连锁店，最近试图从许多最受欢迎的汉堡包中去除所有人工防腐剂，以处于正确的立场。像Panera Bread一样，麦当劳去除的许多添加剂在美国和欧盟都是完全可以接受的[35]。

与Panera不同，麦当劳提出的理由是，没有添加剂，其食物的味道会更好，而不是声称添加剂本身是不好的。正如美国麦当劳总裁克里斯·凯普钦斯基（Chris Kempczinski）所说：

我们知道质量选择对我们的消费者很重要。从在大多数餐厅点菜时即刻烹饪四分之一磅的汉堡中的100%新鲜的牛肉开始，到在麦乐鸡块中去除人工防腐剂，我们在改善食品质量方面取得了长足的进步——我们经典汉堡的最新积极变化是这个故事中令人振奋的部分[36]。

当然，除了有添加剂外，麦当劳的食物还存在其他问题，但是如果把口味作为评估其食物的主要标准会使人们的饮食更加健康，那么此举是朝着正确方向迈出的一步。

围绕麦当劳食品的众多问题就是一个例子，说明了为什么不了解整个生产过程就无法区分掺假食品与可接受食品。例如，工业化成分会损害环境。最值得注意的是，它们是用可以掺入到其他食品中的农药和其他化学物质制成的。受欢迎含有添加剂的产品的食品体系的影响，知情的消费者需要了解添加剂对个人健康以及对所有社会的健康的影响，他们需要了解所吃的东西对自己以及对整个环境的影响。

诸如毒药之类的添加剂和创新成分，或明显会立即对人们的健康产生负面影响的添加剂，都是我们应拒绝的掺杂物。但是，决定是否应该拒绝某些东西实际上需要大量的科学和社会学研究。在掺假和可接受之间的灰色地带，我们必须更多地依靠倾向而不是科学。如果我们对其有充分的了解，那么构成我们与自然界互动基础的复杂的文化和经济关系就可以成为定义社会中存在的掺假的最佳标准。世界各地的文化多种多样，每种文化都关注他们所吃食物的不同方面，这种结果并不可怕。

参考文献

Food Adulteration
and Food Fraud

第1章 引言：信任问题

［1］Stephen Castle and Doreen Carvajal, 'Counterfeit Food More Widespread than Suspected', *New York Times*, 26 June 2013, www.nytimes.com.

［2］Renée Johnson, 'Food Fraud and "Economically Motivated Adulteration" of Food and Food Ingredients', Congressional Research Service, 10 January 2014, https://fas.org, p. 3.

［3］Laurence Gibbons, 'Food Fraud Costs uk Firms £11bn a Year', *Food Manufacture*, 28 November 2014, www.foodmanufacture. co.uk.

［4］David Edwards, '5 Things to Know About Food Fraud', *Refrigerated and Frozen Foods* (March 2015), p. 36.

［5］S. M. Solaiman and Abu Noman Mohammad Atahar N. Ali, 'Extensive Food Adulteration in Bangladesh: A Violation of Fundamental Human Rights and the State's Binding Obligations', University of Wollongong Research Online, https://ro.uow.edu. au, 2014.

［6］Karen Everstine et al., 'Development of a Hazard Classification Scheme for Substances Used in the Fraudulent Adulteration of Foods', *Journal of Food Protection*, lxxxi/1 (January 2018), pp. 36, 31–2.

［7］Jeffrey C. Moore, John Spink and Markus Lipp, 'Development and Application of a Database of Food Ingredient Fraud and Economically Motivated Adulteration from 1980 to

2010', *Journal of Food Science*, lxxvii/4 (April 2012), p. r122.

[8] F. Leslie Hart, 'Adulteration of Food Before 1906', *Food Drug Cosmetic Law Journal*, vii/1 (January 1952), pp. 7–8, 5.

[9] Francesca Lotta and Joe Bogue, 'Defining Food Fraud in the Modern Supply Chain', *European Food and Feed Law Review*, x/2(2015), pp. 116–17.

[10] Many experts define economically motivated adulteration as a subset of food fraud in general. I view fraud as a subset of adulteration since adulteration came first and is far more common than outright fraud. Either way, there is a strong tendency in the literature on this subject to look at food adulteration, food fraud and food safety problems as minor variations of the same problem. This tendency obscures much more than it reveals.

[11] Moore, Spink and Lipp, 'Development and Application', p. r120.

[12] Lotta and Bogue, 'Defining Food Fraud', p. 120.

[13] John Spink and Douglas Moyer, 'Backgrounder: Defining the Public Health Threat of Food Fraud', National Center for Food Protection and Defense, 30 April 2011, p. r160.

[14] Markus Lipp, 'A Closer Look at Chemical Contamination', *Food Safety Magazine*, August–September 2011, www.foodsafetymagazine.com.

[15] Spink and Moyer, 'Backgrounder: Defining the Public Health Threat of Food Fraud', p. 5.

[16] Louise Manning and Jan Mei Soon, 'Food Safety, Food

Fraud, and Food Defense: A Fast Evolving Literature', *Journal of Food Science*, lxxxi/4 (April 2016), p. r825.

[17] Contamination of food by bacteria is perhaps the central food safety issue of our time. While that comes from the natural environment and not all bacteria are harmful, like with adulterations, different societies will accept different levels of risk.

[18] For example, another kind of food fraud involves using legitimate food products and packaging but changing the expiration date. Stealing a legitimate food product and selling it as if it had been acquired legally is another form of fraud. Another kind of adulteration involves contamination during the manufacturing process. While the neglect of sanitary conditions might be economically motivated, the damage caused by product recalls or prosecution make these incidents rare in developed countries.

[19] Denis W. Stearns, 'A Continuing Plague: Faceless Transactions and the Coincident Rise of Food Adulteration and Legal Regulation of Quality', *Wisconsin Law Review*, ci (2014), p. 434.

[20] Aaron Smith, 'Starbucks to Phase Out Bug Extract as Food Dye', https://money.cnn.com, 19 April 2012.

[21] Anthony Winson, *The Industrial Diet: The Degradation of Food and the Struggle for Healthy Living* (New York, 2014), pp. 30–31.

第 2 章　部分替代

[1] Bee Wilson, *Swindled: From Poison Sweets to Counterfeit Coffee – The Dark History of the Food Cheats* (London, 2008), p. 78.

[2] Peter Markham[?], 'Poison Detected, or Frightful Truths', *The Critical Review; or, Annals of Literature*, 4 (October 1757), p. 296.

[3] Mansoor Ahmad, 'Profiteers Pushing Pakistan on Verge of Nutritional Crisis', *International News*, 1 October 2017, www. thenews.com.pk.

[4] Robert J. Gordon, *The Rise and Fall of American Growth* (Princeton, nj, 2016), p. 220.

[5] Renée Johnson, 'Food Fraud and "Economically Motivated Adulteration" of Food and Food Ingredients', Congressional Research Service, 10 January 2014, https://fas.org, pp. 6–7.

[6] Stephen Castle and Doreen Carvajal, 'Counterfeit Food More Widespread than Suspected', *New York Times*, 26 June 2013, www.nytimes.com.

[7] Tom Mueller, *Extra Virginity: The Sublime and Scandalous World of Olive Oil* (New York, 2012), pp. 55–6.

[8] Ibid., pp. 57–9.

[9] Larry Olmsted, *Real Food, Fake Food: Why You Don't Know What You're Eating and What You Can Do About It* (Chapel Hill, nc, 2016), pp. 86–7.

[10] Ibid., pp. 263–4.

[11] Joseph James Whitworth, 'French Spice Control Finds Issue with Half of Samples', www.foodnavigator.com, 22 June 2018.

[12] Levon Sevunts, 'One-third of Spices Sold in Canada Spiked with Fillers, Says Federal Agency', www.rcinet.ca, 12 April 2018.

[13] Richard Evershed and Nicola Temple, *Sorting the Beef from the Bull: The Science of Food Fraud Forensics* (New York, 2016), pp. 211–12.

[14] Mark Gorissen, 'The Saffron-Question: Real or Fake?', www.conflictfood.com, 6 April 2017.

[15] Evershed and Temple, *Sorting the Beef from the Bull*, pp. 151–3.

[16] Ibid., pp. 153–4, 131.

[17] Marie-Pierre Chauzat et al., 'Demographics of the European Apicultural Industry', *PLoS One*, viii/11 (2013), p. e79018.

[18] Andrew Schneider, 'Tests Show Most Store Honey Isn't Honey', *Food Safety News*, 7 November 2011, www.foodsafetynews.com.

[19] Vlasta Pilizota and Nela Nedic Tiban, 'Advances in Honey Adulteration Detection', *Food Safety Magazine* (August/September 2009), www.foodsafetymagazine.com.

[20] Sonia Soares et al., 'A Comprehensive Review on the Main Honey Authentication Issues: Production and Origin',

Comprehensive Reviews in Food Science and Food Safety, xvi/5 (September 2017), pp. 1079–80.

[21] Lucy M. Long, *Honey: A Global History* (London, 2017), p. 134.

[22] Diana B. Henriques, '10% of Fruit Juice Sold in u.s. is Not All Juice, Regulators Say', *New York Times*, 31 October 1993, p. a1.

[23] Olmsted, *Real Food, Fake Food*, p. 264.

[24] Lauren Valkenaar and Saul Perloff, 'Long Legal Battle Ends with Jury Victory for Coca-Cola in Pomegranate Juice Dispute', www.thebrandprotectionblog.com, 5 April 2016.

[25] Olmsted, *Real Food, Fake Food*, pp. 265–6.

[26] u.s. Department of Health and Human Services, 'A Food Labeling Guide: Guidance for Industry', January 2013, pp. 8–9, www.fda.gov/regulatory-information.

[27] Ethan Trex, 'What Does 100% Juice Mean?', www.mentalfloss.com, 2 August 2011.

[28] European Parliament, 'Directive 2012/12/eu of the European Parliament and of the Council of 19 April 2012 Amending Council Directive 2001/112/ec Relating to Fruit Juices . . .', http://eur-lex.europa.eu, 27 April 2012.

[29] usda Foreign Agricultural Service, 'New eu Fruit Juice Labeling Rules', http://gain.fas.usda.gov, 31 May 2012.

[30] Mueller, *Extra Virginity*, p. 196.

[31] Wenjing Zhang and Jianhong Xue, 'Economically

Motivated Food Fraud and Adulteration in China: An Analysis Based on 1,553 Media Reports', *Food Control*, lxvii (September 2016), p. 94.

[32] Xu Nan, 'A Decade of Food Safety in China', *ChinaDialogue*, 6 August 2012, www.chinadialogue.net.

[33] Evershed and Temple, *Sorting the Beef from the Bull*, pp. 39, 35–7.

[34] Frances Moore Lappé, *Diet for a Small Planet*, 20th anniversary edn (New York, 1991), p. 147.

[35] Brad Japhe, 'For American Whiskies, the Next Big Trend is the Blend', *Forbes*, 8 July 2018, www.forbes.com.

[36] Raj Patel, *Stuffed and Starved: Markets, Power and the Hidden Battle for the World's Food System* (London, 2007), p. 166.

[37] John McPhee, *Oranges* (New York, 1967), p. 8.

[38] Paul Roberts, *The End of Food* (Boston, ma, 2008), p. 73.

[39] Marion Nestle, *Safe Food: The Politics of Food Safety*, 2nd edn (Berkeley, ca, 2010), p. 45.

[40] Evershed and Temple, *Sorting the Beef from the Bull*, pp. 154–7.

[41] Roger Horowitz, *Putting Meat on the American Table: Taste, Technology, Transformation* (Baltimore, md, 2006), pp. 100–102.

[42] Cleve R. Wootson Jr, 'Somebody Added Cow's Milk to Almond Breeze, fda Says, Sparking a Recall in 28 States',

Washington Post, 4 August 2018, www.washingtonpost.com.

[43] Evershed and Temple, *Sorting the Beef from the Bull*, pp. 19–20.

[44] *New Nation* (Bangladesh), 20 March 2015.

[45] Johnson, 'Food Fraud and "Economically Motivated Adulteration', p. 1.

第 3 章　被污染的食品

[1] Sarah Lohman, *Eight Flavors: The Untold Story of American Cuisine* (New York, 2016), pp. 189–92.

[2] Alex Renton, 'If msg is So Bad For You, Why Doesn't Everyone in Asia Have a Headache?', *The Observer*, 10 July 2005, www.theguardian.com.

[3] Helen Rosner, 'An msg Convert Visits the High Church of Umami', *New Yorker*, 27 April 2018, www.newyorker.com.

[4] Fuchsia Dunlop, 'China's True Dash of Flavor', *New York Times*, 18 February 2007, www.nytimes.com.

[5] Jerry Tsao, 'A Taste of Culture: Perceptions About American Fast Food in China', unpublished ma thesis, East Carolina University, Greenville, nc (2012), p. 41.

[6] Mike Adams, *Food Forensics: The Hidden Toxins Lurking in Your Food and How You Can Avoid Them for Lifelong Health* (Dallas, tx, 2016), pp. 16–32.

[7] Susan Matthews, 'You Don't Need to Worry about

Roundup in Your Breakfast Cereal', www.slate.com, 16 August 2018.

[8] Mark Schatzker, *The Dorito Effect: The Surprising New Truth about Food and Flavor* (New York, 2015), pp. 151–2.

[9] Matthews, 'You Don't Need to Worry about Roundup'.

[10] Ibid.

[11] Melanie Warner, *Pandora's Lunchbox: How Processed Food Took Over the American Meal* (New York, 2013), p. 99.

[12] Jeffrey C. Moore, John Spink and Markus Lipp, 'Development and Application of a Database of Food Ingredient Fraud and Economically Motivated Adulteration from 1980 to 2010', *Journal of Food Science*, lxxvii/4 (April 2012), p. r124.

[13] Richard Evershed and Nicola Temple, *Sorting the Beef from the Bull: The Science of Food Fraud Forensics* (New York, 2016), pp. 90–92.

[14] Ibid., p. 92.

[15] Charles M. Duncan, *Eat, Drink, and Be Wary: How Unsafe Is Our Food?* (Lanham, md, 2015), pp. 4–5.

[16] Jamie Doward and Amy Moore, 'Investigation: Cartels and Organised Crime Target Food in Hunt for Riches', *The Observer* (4 May 2014), pp. 1, 8.

[17] Moore, Spink and Lipp, 'Development and Application', pp. r118–r119.

[18] Caroline E. Handford, Katrina Campbell and Christopher T. Elliott, 'Impacts of Milk Fraud on Food Safety

and Nutrition with Special Emphasis on Developing Countries',
Comprehensive Reviews in Food Science and Food Safety, xv/1
(January 2016), pp. 136–7.

[19] Evershed and Temple, *Sorting the Beef from the Bull*, p.
196.

[20] Ibid., pp. 196–7.

[21] Fred Gale and Dinghuan Hu, 'Supply Chain Issues
in China's Milk Adulteration Incident', paper presented at the
International Association of Agricultural Economists' 2009
Conference, Beijing, China, 16–22 August 2009, pp. 1–2.

[22] Handford, Campbell and Elliott, 'Impacts of Milk
Fraud', pp. 136–7.

[23] Karen Everstine, John Spink and Shaun Kennedy,
'Economically Motivated Adulteration (ema) of Food: Common
Characteristics of ema Incidents', *Journal of Food Protection*,
lxxvi/4 (April 2013), pp. 727–8.

[24] Patrick J. Lyons, 'Italy's Mozzarella Makers Fight Dioxin
Scare', *New York Times*, 21 March 2008, www.nytimes.com.

[25] Lawrence M. Schell, Mia V. Gallo and Katsi Cook,
'What's Not to Eat: Food Adulteration in the Context of Human
Biology', *American Journal of Human Biology*, xxiv/2 (March 2012),
pp. 143–4.

[26] Adams, *Food Forensics*, p. 52.

[27] Christopher D. Cook, *Diet for a Dead Planet: How the
Food Industry Is Killing Us* (New York, 2004), pp. 168–9.

[28] Laura Parker, 'Plastic', *National Geographic*, 233 (June 2018), p. 50.

[29] Julia Belluz and Radhika Viswanathan, 'The Problem with All the Plastic that's Leaching Into Your Food', www.vox.com, 11 September 2018.

[30] Pierre Desrochers and Hiroko Shimizu, *The Locavore's Dilemma: In Praise of the 10,000-mile Diet* (New York, 2012), pp. 154–5.

[31] Harris Solomon, 'Unreliable Eating: Patterns of Food Adulteration in Urban India', *BioSocieties*, x/2 (2015), pp. 185–6.

[32] Ibid., p. 187.

[33] Liza Lin, 'Keeping the Mystery Out of China's Meat', *Companies/ Industries* (24 March–6 April 2014), p. 28.

[34] World Health Organization, 'Food Safety: What You Should Know', www.searo.who.int, 7 April 2015.

[35] Solomon, 'Unreliable Eating', p. 183.

[36] S. M. Solaiman and Abu Noman Mohammad Atahar N. Ali, 'Rampant Food Adulteration in Bangladesh: Gross Violations of Fundamental Human Rights with Impunity', *Asia-Pacific Journal on Human Rights and Law*, xiv/1–2 (2013), p. 33.

[37] Sharifa Nasreen and Tahmeed Ahmed, 'Food Adulteration and Consumer Awareness in Dhaka City, 1995–2011', *Journal of Health, Population and Nutrition*, xxxii/3 (September 2014), p. 453.

[38] Evershed and Temple, *Sorting the Beef from the Bull*, pp.

258-9.

[39] Javaid Bashir, 'Food Adulteration', *Pakistan Observer*, 5 March 2017, www.pakobserver.net.

[40] Solaiman and Ali, 'Rampant Food Adulteration in Bangladesh', p. 8.

[41] *New Nation* (Dhaka), 20 March 2015.

[42] Gautam Anita and Singh Neetu, 'Hazards of New Technology in Promoting Food Adulteration', *Journal of Environmental Science, Toxicology and Food Technology*, v/1 (July–August 2013), pp. 8–9.

[43] M. P. Khapre et al., 'Buying Practices and Prevalence of Adulteration in Selected Food Items in a Rural Area of Wardha District: A Cross-sectional Study', *Online Journal of Health and Allied Sciences*, x/3 (July–September 2011), pp. 1–2.

第 4 章 仿造食品和完全替代

[1] Bee Wilson, *Swindled: From Poison Sweets to Counterfeit Coffee – The Dark History of the Food Cheats* (London, 2008), pp. 213–15.

[2] Belinda J. Davis, 'Peace Freedom and Bread', in *The World War i Reader*, ed. Michael S. Neiberg (New York, 2007), p. 264.

[3] Wilson, *Swindled*, p. 215.

[4] Casey Seidenberg, 'How to Choose a Healthier Mayonnaise, or Make Your Own', *Washington Post*, 8 August 2018,

www.washingtonpost.com.

[5] Jibran Khan, 'The fda's Attack on Milk Substitutes is Corporate Welfare in Action', *National Review*, 1 August 2018, www.nationalreview.com.

[6] Richard Evershed and Nicola Temple, *Sorting the Beef from the Bull: The Science of Food Fraud Forensics* (New York, 2016), p. 188.

[7] Kati Stevens, *Fake* (New York, 2019), p. 24.

[8] Raffi Khatchadourian, 'The Taste Makers', *New Yorker*, 23 November 2009, www.newyorker.com.

[9] Stevens, *Fake*, p. 42.

[10] Stephen Castle and Doreen Carvajal, 'Counterfeit Food More Widespread than Suspected', *New York Times*, 26 June 2013, www.nytimes.com.

[11] Larry Olmsted, *Real Food, Fake Food: Why You Don't Know What You're Eating and What You Can Do About I*t (Chapel Hill, nc, 2016), p. 36.

[12] Wenjing Zhang and Jianhong Xue, 'Economically Motivated Food Fraud and Adulteration in China: An Analysis Based on 1,553 Media Reports', *Food Control*, lxvii (2016), p. 196.

[13] Roberto A. Ferdman, 'The Wasabi Sushi Restaurants Serve is Pretty Much Never Actual Wasabi', *Washington Post*, 15 October 2014, www.washingtonpost.com.

[14] John Spink and Douglas C. Moyer, 'Backgrounder: Defining the Public Health Threat of Food Fraud', National Center

for Food Protection and Defense, https://onlinelibrary.wiley.com, 30 April 2011, p. 5.

[15] Evershed and Temple, *Sorting the Beef from the Bull*, p. 211.

[16] Rich Cohen, 'Inside Quebec's Great, Multi-million-dollar Maple-Syrup Heist', *Vanity Fair*, December 2016, www.vanityfair.com.

[17] Patrick Allen, 'Counterfeit Foods, and How to Spot Them', www.lifehacker.com, 10 May 2016.

[18] Belle Cushing, 'The 15 Most Common Counterfeit Foods, and How to Identify Them', *Bon Appetit*, 4 February 2014, www.bonappetit.com.

[19] Lydia Mulvany, 'The Parmesan Cheese You Sprinkle on Your Penne Could Be Wood', *Bloomberg News*, 16 February 2016, www.bloomberg.com. In the eu, the name Parmesan is protected because of its connection to the Parma region of Italy. See Olmsted, *Real Food, Fake Food*, p. 27.

[20] Kimberly Warner et al., 'Deceptive Dishes: Seafood Swaps Found Worldwide', Oceana, http://usa.oceana.org, September 2016, pp. 1, 7.

[21] Evershed and Temple, *Sorting the Beef from the Bull*, p. 111.

[22] Ibid., pp. 122–3.

[23] Oceana, '1 in 5 Seafood Samples Mislabeled Worldwide, Finds New Oceana Report', www.oceana.org, 7 September 2016.

[24] Beth Lowell et al., 'One Name, One Fish: Why Seafood Names Matter', www.oceana.org, July 2015.

[25] Paul Greenberg, *Four Fish: The Future of the Last Wild Food* (New York, 2010), pp. 82, 84.

[26] Lowell et al., 'One Name, One Fish'.

[27] Emma Bryce, 'Five Fishy Cases of Seafood Fraud', *Hakai Magazine*, 2 December 2016, www.hakaimagazine.com.

[28] Olmsted, *Real Food, Fake Food*, pp. 69–70.

[29] Steven Hedlund, 'Seafood faq: Langostino vs Lobster: What's the Difference?', www.seafoodsource.com, 1 April 2006.

[30] Bryce, 'Five Fishy Cases of Seafood Fraud'.

[31] Amie Tsang, 'What, Exactly, Is Meat? Plant-based Food Producers Sue Missouri Over Labeling', *New York Times*, 28 August 2018, www.nytimes.com.

[32] Nellie Bowles, 'Got Milk? Or Was That Really a Plant Beverage?', *New York Times*, 31 August 2018, www.nytimes.com.

[33] Michael Moss, *Salt, Sugar, Fat: How the Food Giants Hooked Us* (New York, 2013), pp. 162–3.

[34] Wise Foods, 'Wise Cheez Doodles', www.cheezdoodles.com, accessed 16 July 2019.

[35] Anthony Winson, *The Industrial Diet: The Degradation of Food and the Struggle for Healthy Eating* (New York, 2014), p. 173.

[36] Stevens, *Fake*, p. 24.

[37] Mark Schatzker, *The Dorito Effect: The Surprising New*

Truth about Food and Flavor (New York, 2015), pp. 27–9.

[38] Ibid., pp. 63, 230.

第 5 章 地点的重要性

[1] Amy B. Trubek, 'The Revolt against Homogeneity', in *Food in Time and Place: The American Historical Association Companion to Food History*, ed. Paul Freedman, Joyce E. Chaplin and Ken Albala (Berkeley, ca, 2014), pp. 307–8.

[2] Larry Olmsted, *Real Food, Fake Food: Why You Don't Know What You're Eating and What You Can Do About It* (Chapel Hill, nc, 2016), pp. 169–70.

[3] Ibid., pp. 165–6.

[4] Ibid., p. 165.

[5] Karen Everstine, John Spink and Shaun Kennedy, 'Economically Motivated Adulteration (ema) of Food: Common Characteristics of ema Incidents', *Journal of Food Protection*, lxxvi/4 (April 2013), p. 728.

[6] Richard Evershed and Nicola Temple, *Sorting the Beef from the Bull: The Science of Food Fraud Forensics* (New York, 2016), p. 231.

[7] Tom Mueller, *Extra Virginity: The Sublime and Scandalous World of Olive Oil* (New York, 2012), p. 223.

[8] Sonia Soares et al., 'A Comprehensive Review on the Main Honey Authentication Issues: Production and Origin',

Comprehensive Reviews in Food Science and Food Safety, xvi/5 (September 2017), pp. 1072–3.

[9] Rosie Taylor, 'War on Phony Honey: Health Food Giant Will Test All Manuka Jars Before They Go On Sale to Curb the Rising Tide of Cheap Fakes', *Daily Mail*, 31 July 2018, www.dailymail.co.uk.

[10] Bernard Lagan, 'Hive of Activity where £100 Manuka Honey is Made', *Sunday Times*, 4 August 2018, www.thetimes.co.uk.

[11] Evershed and Temple, *Sorting the Beef from the Bull*, pp. 64–6, 80–81.

[12] Olmsted, *Real Food, Fake Food*, pp. 187–92.

[13] Quoted ibid., p. 192.

[14] Emilie Vandecandelaere, 'Geographic Origin and Identification Labels: Associating Food Quality with Location', in *Innovations in Food Labelling*, ed. Janice Albert, www.fao.org, 2010, p. 145.

[15] Denis Stearns, 'A Continuing Plague: Faceless Transactions and the Coincident Rise of Food Adulteration and Legal Regulation of Quality', *Wisconsin Law Review*, ci (2014), p. 425.

[16] Natalie O'Neill, 'The Fight for Real Kobe Beef is Coming to a Restaurant Near You', www.eater.com, 9 November 2015.

[17] Olmsted, *Real Food, Fake Food*, pp. 132–6.

[18] Ibid., pp. 139–40; Mike Pomranz, 'The Vast Majority of

Kobe Beef is Fake and Japan Wants to Fix the Problem', *Food and Wine*, 22 June 2017, www.foodandwine.com.

[19] O'Neill, 'The Fight for Real Kobe Beef '.

[20] 'Japan Adds Kobe Beef, Yubari Melons to List of Protected Brands', *Japan Times*, 22 December 2015, www. japantimes.co.jp.

[21] Olmsted, *Real Food, Fake Food*, p. 119.

[22] World Intellectual Property Organization, 'Geographical Indications: An Introduction', www.wipo.int, 2017, pp. 8, 10.

[23] Claudia Dias and Luis Mendes, 'Protected Designation of Origin (pdo), Protected Geographical Indication (pgi) and Traditional Speciality Guaranteed (tsg): A Bibiliometric Analysis', *Food Research International*, 103 (2018), p. 492.

[24] European Commission, 'eu Agricultural Product Quality Policy', http://ec.europa.eu, accessed 30 May 2019.

[25] Olmsted, *Real Food, Fake Food*, p. 143.

[26] Junko Mimura, 'Dawn of Geographical Indications in Japan: Strategic Marketing Management of gi Candidates', paper presented at the 145th eaae seminar 'Intellectual Property Rights for Geographical Indications: What is at Stake in the ttip?', 2015, http://ageconsearch.umn.edu; ONeill,'The Fight for Real Kobe Beef.'

[27] World Intellectual Property Organization, 'Geographical Indications: An Introduction', p. 16.

[28] Café de Colombia, 'Colombian Coffee', www. cafedecolombia. com, accessed 30 May 2019.

[29] European Commission, 'eu Agricultural Product Quality Policy.'

[30] Dias and Mendes, 'Protected Designation of Origin', p. 504.

[31] O'Neill, 'The Fight for Real Kobe Beef '.

[32] California Champagnes, 'What Is Champagne?', www.californiachampagnes.com, accessed 30 May 2019.

[33] unesco, 'Browse the Lists of Intangible Cultural Heritage and the Register of Good Safeguarding Practices', http://ich.unesco.org, accessed 30 May 2019.

[34] Quoted in Nicola Twilley, 'unesco Culinary Heritage Sites', www.ediblegeography.com, 9 February 2010.

[35] Brian Halweil, *Eat Here: Reclaiming Homegrown Pleasures in a Global Supermarket* (New York, 2004), pp. 20–21.

[36] Olmsted, *Real Food, Fake Food*, p. 123.

[37] Charles Fishman, *The Wal-Mart Effect* (New York, 2006), pp. 168–81.

[38] Jonathan Rees, *Refrigeration Nation: A History of Ice, Appliances and Enterprise in America* (Baltimore, md, 2013), pp. 192–3.

[39] Frederick Kaufman, *Bet the Farm: How Food Stopped Being Food* (New York, 2012), p. 16.

[40] Pierre Desrochers and Hiroko Shimizu, *The Locavore's Dilemma: In Praise of the 10,000-mile Diet* (New York, 2012), pp. 153–7.

第6章 测试

[1] Bee Wilson, *Swindled: From Poison Sweets to Counterfeit Coffee – The Dark History of the Food Cheats* (London, 2008), pp. 116–18.

[2] Dadasaheb Navale and Shelley Gupta, 'Analysis of Adulteration Present in Milk Products', *International Journal of Latest Technology in Engineering, Management and Applied Science*, v/6 (June 2016), p. 166.

[3] Regi George Jenarius, '41 Ingenious Ways to Quickly Detect Adulteration in the Most Common Foods We Eat', *India Times*, 6 May 2018, www.indiatimes.com.

[4] Sofia Griffiths, 'Defining Food Fraud Prevention to Align Food Science and Technology Resources', *Journal of the Institute of Food Science and Technology*, 12 February 2013, http://fstjournal. org.

[5] María Pilar Callao and Itziar Ruisánchez, 'An Overview of Multivariate Qualitative Methods for Food Fraud Detection', *Food Control*, lxxxvi (April 2018), pp. 287, 290.

[6] Richard Evershed and Nicola Temple, *Sorting the Beef from the Bull: The Science of Food Fraud Forensics* (New York, 2016), pp. 54–7.

[7] Ibid., pp. 59, 64.

[8] David I. Ellis et al., 'Point-and-shoot: Rapid Quantitative Detection Methods for On-site Food Fraud Analysis – Moving Out

of the Laboratory and Into the Food Supply Chain', *Analytical Methods*, vii/22 (2015), p. 9403.

[9] David I. Ellis et al., 'Fingerprinting Food: Current Technologies for the Detection of Food Adulteration and Contamination', *Chemical Society Review*, xli/17 (2012), pp. 5719–20.

[10] Connor Black, 'Innovations in Detecting Food Fraud Using Mass Spectrometric Platforms and Chemometric Modelling', unpublished PhD dissertation, Queen's University Belfast, 2017, p. iii.

[11] Ellis et al., 'Fingerprinting Food', pp. 5713–14.

[12] Ellis et al., 'Point-and-shoot', p. 9405.

[13] Neil Sharma, 'Fighting Food Fraud: Testing Without the Wait', *New Food*, 16 May 2017, www.newfoodmagazine.com.

[14] Liza Lin, 'Keeping the Mystery Out of China's Meat', *Companies/Industries* (24 March–6 April 2014), p. 27.

[15] Evershed and Temple, *Sorting the Beef from the Bull*, pp. 77, 75, 71–2.

[16] Jeffrey Moore, John Spink and Markus Lipp, 'Development and Application of a Database of Food Ingredient Fraud and Economically Motivated Adulteration from 1980 to 2010', *Journal of Food Science*, lxxiv/4 (April 2012), p. r122.

[17] Casiane Salete Tibola et al., 'Economically Motivated Food Fraud and Adulteration in Brazil: Incidents and Alternatives to Minimize Occurrence', *Journal of Food Science*, lxxxiii/1 (July

2018), p. 2035.

[18] Moore, Spink and Lipp, 'Development and Application', p. r123.

[19] Louise Manning and Jan Mei Soon, 'Developing Systems to Control Food Adulteration', *Food Policy*, xlix/1 (2014), pp. 26, 31.

[20] Pamela Galvin-King, Simon A. Haughey and Christopher T. Elliott, 'Herb and Spice Fraud: The Drivers, Challenges and Detection', *Food Control*, lxxxviii (June 2018), pp. 88–9.

[21] Ibid., pp. 91–2.

[22] Eunyoung Hong et al., 'Modern Analytical Methods for the Detection of Food Fraud and Adulteration by Food Category', *Journal of the Science of Food and Agriculture*, xcvii/12 (September 2017), pp. 3889–90.

[23] Ibid., p. 3882.

[24] Georgios P. Danezis et al., 'Food Authentication: Techniques, Trends and Emerging Approaches', *Trends in Analytical Chemistry*, lxxxv (March 2016), p. 124.

[25] Evershed and Temple, *Sorting the Beef from the Bull*, p. 136.

[26] Ibid., pp. 132–3.

[27] Larry Olmsted, *Real Food, Fake Food: Why You Don't Know What You're Eating and What You Can Do About It* (Chapel Hill, nc, 2016), p. 53.

[28] Evershed and Temple, *Sorting the Beef from the Bull*, pp.

125–6.

[29] Ibid., pp. 166–7.

[30] Víctor de Carvalho Martins et al., 'Fraud Investigation in Commercial Coffee by Chromatography', *Food Quality and Safety*, ii/3 (September 2018), pp. 121–3, 129.

[31] Victoria Andrea Arana et al., 'Classification of Coffee Beans by gc-c-irms, gc-ms, and 1h-nmr', *Journal of Analytical Methods in Chemistry* (2016), doi 10.1155/2016/8564584.

[32] Ibid.

[33] Bjørn Pedersen et al., 'Protecting Our Food: Can Standard Food Safety Analysis Detect Adulteration of Food Products with Selected Chemical Agents?', *Trends in Analytical Chemistry*, lxxxv (Part B) (December 2016), pp. 43–4.

[34] Evershed and Temple, *Sorting the Beef from the Bull*, pp. 56–7.

第 7 章　政策、策略和立法

[1] David I. Ellis et al., 'Fingerprinting Food: Current Technologies for the Detection of Food Adulteration and Contamination', *Chemical Society Review*, xli/17 (2012), p. 5706.

[2] Sharifa Nasreen and Tahmeed Ahmed, 'Food Adulteration and Consumer Awareness in Dhaka City, 1995–2011', *Journal of Health, Population and Nutrition*, xxxii/3 (September 2014), pp. 453, 463.

[3] Gazi Delwar Hosen and Syed Robayet Ferdous, 'The Role of Mobile Courts in the Enforcement of Laws in Bangladesh', *Northern University Journal of Law*, 1 (2010), pp. 82, 87.

[4] Nasreen and Ahmed, 'Food Adulteration', p. 459.

[5] Ibid., p. 456.

[6] Julfikar Ali Manik and Ashutosh Sarkar, 'Govt Sits On Setting Up Food Courts', *Daily Star* (Bangladesh), 1 July 2013, www.thedailystar.net.

[7] Government Accountability Office, 'Experiences of Seven Countries in Consolidating Their Food Safety Systems', gao-05-212, www.gao.gov, 22 February 2005, p. 1.

[8] National Food Crime Unit, www.food.gov.uk.

[9] Anthony Winson, *The Industrial Diet: The Degradation of Food and the Struggle for Healthy Eating* (New York, 2014), p. 173.

[10] John Spink and Douglas C. Moyer, 'Defining the Public Health Threat of Food Fraud', *Journal of Food Science*, lxxix/9 (November–December 2011), p. r160.

[11] Richard Evershed and Nicola Temple, *Sorting the Beef from the Bull: The Science of Food Fraud Forensics* (New York, 2016), pp. 22–3.

[12] Sandra Hoffmann and William Harder, 'Food Safety and Risk Governance in Globalized Markets' *Health Matrix*, xx/1 (2012), p. 8.

[13] World Health Organization: Bangladesh, 'Food Safety', www.searo.who.int, accessed 31 May 2019.

[14] Hoffmann and Harder, 'Food Safety and Risk Governance', pp. 24–7.

[15] United Nations Food and Agriculture Organization, 'What is the Codex Alimentarius?', www.fao.org.

[16] Karen Everstine et al., 'Development of a Hazard Classification Scheme for Substances Used in Fraudulent Adulteration of Foods', *Journal of Food Protection*, lxxxi/1 (January 2018), p. 32.

[17] United States Pharmacopeial Convention, 'Decernis Acquires Food Fraud Database from usp', 15 June 2018, www.usp. org.

[18] Louise Manning, 'Food Fraud: Policy and Food Chain', *Current Opinion in Food Science*, x (2016), p. 18.

[19] Qi Tang et al., 'Food Traceability Systems in China: The Current Status of and Future Perspectives on Food Supply Chain Databases, Legal Support, and Technological Research and Support for Food Safety Regulation', *BioScience Trends*, ix/1 (February 2015), p. 7.

[20] European Commission, 'Food Law General Requirements', http://ec.europa.eu, accessed 31 May 2019.

[21] fish-bol, 'Vision for fish-bol', www.fishbol.org, accessed 31 May 2019.

[22] Eunyoung Hong et al., 'Modern Analytical Methods for the Detection of Food Fraud and Adulteration by Food Category', *Journal of the Science of Food and Agriculture*, xcvii/12 (September

2017), p. 3883.

[23] Produce Marketing Association, 'Traceability and fsma', www.pma.com, May 2014.

[24] 'Counterfeit Food', *Chemistry and Industry* (January 2015), p. 21.

[25] Global Food Safety Initiative, 'What Is gsfi', www. mygfsi.com, accessed 31 May 2019.

[26] John Spink et al., 'Food Fraud Prevention: Policy, Strategy, and Decision-making – Implementation Steps for a Government Agency or Industry', *Chimia*, lxx/5 (May 2016), p. 324.

[27] Liza Lin, 'Keeping the Mystery Out of China's Meat', *Companies/ Industries* (24 March–6 April 2014), p. 27.

[28] Ibid., pp. 27–8.

[29] Evershed and Temple, *Sorting the Beef from the Bull*, p. 286.

[30] Steve Lapidge, 'Fighting Food Fraud to Protect Brand Australia', *Australian Science* (March–April 2018), p. 39, www. australasianscience.com.au.

[31] True Source Honey, www.truesourcehoney.com.

[32] Evershed and Temple, *Sorting the Beef from the Bull*, p. 37.

[33] Josh Long, 'Groups Criticize Trump's Plan to Reduce fda Food-Safety Budget', *Food Insider Journal*, www.foodinsiderjournal. com, 25 May 2017.

[34] John Spink et al., 'Food Fraud Prevention Shifts the Food Risk Focus to Vulnerability', *Trends in Food Science and Technology*, lxii (April 2017), pp. 216–17, 219.

[35] Denis W. Stearns, 'A Continuing Plague: Faceless Transactions and the Coincident Rise of Food Adulteration and Legal Regulation of Quality', *Wisconsin Law Review*, 421 (2014), pp. 440–42.

[36] International Food Information Council (ific) and u.s. Food and Drug Administration (fda), 'Overview of Food Ingredients, Additives and Colors', www.fda.gov, April 2010.

[37] Charles M. Duncan, *Eat, Drink, and Be Wary: How Unsafe Is Our Food?* (Lanham, md, 2015), p. 93.

[38] European Commission, 'Questions and Answers on Food Additives', http://europa.eu, 14 November 2011.

[39] Melissa Kravitz, '6 Foods that are Legal in the u.s. but Banned in Other Countries', *Business Insider*, 1 March 2017, www. businessinsider.com.

[40] Everstine et al., 'Development of a Hazard Classification Scheme', pp. 31–2.

[41] European Commission, 'General Food Law', https:// ec.europa. eu/food/safety/general_food_law_en, accessed 30 May 2019.

[42] Regulations as quoted in Everstine et al., 'Development of a Hazard Classification Scheme', pp. 31–2.

[43] Duncan, *Eat, Drink, and Be Wary*, p. 57.

第8章 结语：掺假与文化

[1] Dwight Eschliman and Steve Ettinger, *Ingredients: A Visual Exploration of 75 Additives and 25 Food Products* (New York, 2015), p. 154.

[2] Center for Science in the Public Interest, 'Sodium Benzoate, Benzoic Acid', Chemical Cuisine, https://cspinet.org, accessed 17 May 2019.

[3] efsa ans Panel (efsa Panel on Food Additives and Nutrient Sources Added to Food), 'Scientific Opinion on the Re-evaluation of Benzoic Acid (E 210), Sodium Benzoate (E 211), Potassium Benzoate (E 212) and Calcium Benzoate (E 213) as Food Additives', *efsa Journal* (2016), p. 110, www.efsa.europa.eu.

[4] 'Panera Removes Artificial Ingredients from u.s. Menu', www.reuters.com, 13 January 2017.

[5] Quoted in Daniela Galarza, 'Twitter Drags Panera for Illinformed Tweet about Food Additives', www.eater.com, 24 July 2017.

[6] Ibid.

[7] Derek Lowe, 'Sodium Benzoate Nonsense', In the Pipeline blog, *Science Magazine*, 24 June 2017, http://blogs.sciencemag.org.

[8] Ibid.

[9] James E. McWilliams, *Just Food: Where Locavores Get It Wrong and How We Can Truly Eat Responsibly* (New York, 2009), p. 66.

[10] Marion Nestle, *Safe Food: The Politics of Food Safety*, 2nd edn (Berkeley, ca, 2010), pp. 207–13.

[11] John T. Lang, *What's So Controversial about Genetically Modified Food?* (London, 2016), p. 73.

[12] Andrew F. Smith, *Eating History: Thirty Turning Points in the Making of American Cuisine* (New York, 2009), p. 282.

[13] Nestle, *Safe Food*, p. 225. A 2016 law in the United States in fact mandated the labelling of genetically modified foods, but the Trump administration has effectively blocked its enforcement. See Chelsey Davis, 'gmo Labeling May be Dead on Arrival Due to Trump Requirement', www.tracegains.com, 15 March 2017.

[14] David H. Freedman, 'The Truth about Genetically Modified Food', *Scientific American*, 1 September 2012, www.scientificamerican.com; 'Plant Biotechnology: Tarnished Promise', *Nature*, cdxcvii/21 (2 May 2013), www.nature.com.

[15] Kati Stevens, *Fake* (New York, 2019), p. 39.

[16] Freedman, 'The Truth about Genetically Modified Food'.

[17] Lorraine Chow, 'Gene-edited Products Now Classified as gmos in European Union', www.ecowatch.com, 25 July 2018.

[18] Yi Li, 'These crispr-modified Crops Don't Count as gmos', 22 May 2018, theconversation.com.

[19] Paul Enriquez, 'crispr gmos', *North Carolina Journal of Law and Technology*, xxviii/4 (May 2017), p. 473. See also Freedman, 'The Truth about Genetically Modified Food'.

[20] Jan M. Lucht, 'Public Acceptance of Plant Biotechnology and gm Crops', *Viruses*, vii/8 (August 2015), pp. 4268–9.

[21] Jake Johnson, 'Study Reveals "Large-scale Illegal Presence" of gmos in India's Food Supply', www.ecowatch.com, 31 July 2018.

[22] Robby Berman, 'Is the American Public Finally Okay with gmos? Um . . .', www.bigthink.com, 18 August 2018.

[23] Lucht, 'Public Acceptance', pp. 4256, 4259.

[24] Malcolm Gladwell, 'The Imaginary Crimes of Margit Hamosh', *Revisionist History* (podcast), season three, episode 8, www.revisionisthistory.com.

[25] Ibid.; Malcolm Gladwell, 'Department of Straight Thinking: Is the Belgian Coca-Cola Hysteria the Real Thing?', *New Yorker*, 12 July 1999, http://archives.newyorker.com.

[26] H. Kendall et al., 'Food Fraud and the Perceived Integrity of European Food Imports into China,' *plos one*, xiii/5 (2018), pp. 3, 10, 20.

[27] Paul Greenberg, *Four Fish: The Future of the Last Wild Food* (New York, 2010), p. 250.

[28] Sarah Lohman, *Eight Flavors: The Untold Story of American Cuisine* (New York, 2016), pp. 197–8.

[29] Jeffrey Kluger, 'Inside the Food Labs,' *Time*, 28 December 2003, www.time.com.

[30] Andrew F. Smith, *Fast Food: The Good, the Bad and the Hungry* (London, 2016), pp. 38, 40.

[31] Annie Gasparro and Heather Haddon, 'Anyone for Diglycerides? Anyone? Food Scientists are Getting Fed Up with Picky Eaters', *Wall Street Journal*, 12 October 2018, www.wsj.com.

[32] Bee Wilson, *Swindled: From Poison Sweets to Counterfeit Coffee —The Dark History of the Food Cheats* (London, 2008), pp. 322–3.

[33] Stevens, *Fake*, p. 34.

[34] Rachel Laudan, 'A Plea for Culinary Modernism: Why We Should Love New, Fast, Processed Food', *Gastronomica*, i/1 (February 2001), p. 40.

[35] Lana Bandoim, 'Why McDonald's Got Rid of Artificial Additives in its Burgers', *Fortune*, 27 September 2018, www.forbes.com.

[36] Ibid.

资料来源注释和
精选参考书目

Food Adulteration
and Food Fraud

本人是一名历史学家，接受过专业培训，并且非常喜欢历史学。当我完成了哈维·华盛顿·威利（Harvey Washington Wiley）的传记后，我开始创作本书，威利是美国食品药品监督管理局（FDA）的第一任局长。在二十世纪初，威利必须设法解决同各类食品掺假的本质相关的各种哲学问题。我很快意识到其中许多问题在今天仍然像在威利那个时代一样重要。在那本书中我没有足够的篇幅对当时以及现在针对的这些问题进行讨论，因此我决定编写本书。非常感谢安迪·史密斯（Andy Smith）、米歇尔·利曼（Michael Leaman）以及 Reaktion Books 出版公司的所有人员为我提供了深入研究这些问题的机会。为创作这两本书而进行的研究相辅相成。

在列示我所使用的最重要的资料来源之前，我想着重强调两本书，这两本书对我的创作产生了非常巨大的影响。本书许多章节都引用了拉里·奥姆斯特德（Larry Olmsted）的著作《真假食品：为什么你不知道自己吃的是什么以及你可以做什么》（*Real Food, Fake Food: Why You Don't Know What You're Eating and What You Can Do About It*）（教堂山，北卡罗莱纳州，2016年），这本书也是第五章的创作基础。理查德·埃弗谢德（Richard Evershed）与尼古拉·坦普尔（Nicola Temple）合著的《牛肉分类：食品造假鉴定的科学》（*Sorting the Beef from the Bull: The Science of Food Fraud Forensics*）（纽约，2016年）是第 6 章（测试）的重要资料来源。另外，除了我讲的内容外，如果你还想进一步了解食品掺假科学，这本书也是一个非常好的起点。

仅在过去五年中就有大量同食品掺假相关的科学论文发表，数量之大让我感到惊讶。我不能谎称自己已经读完了所有文献，但我认为自己对科学、自然和文化之间的关系对世界各地的人们对食品掺假的看法的影响已经有了足够的了解。我在下面列出的著作和文章对我的帮助最大；如果某一文献只使用过一次，则会在参考文献中列出，这里不再列示。

著作

Adams, Mike, *Food Forensics: The Hidden Toxins Lurking in Your Food and How You Can Avoid them for Lifelong Health* (Dallas, tx, 2016)

Desrochers, Pierre, and Hiroko Shimizu, *The Locavore's Dilemma: In Praise of the 10,000-mile Diet* (New York, 2012)

Duncan, Charles M., *Eat, Drink, and Be Wary: How Unsafe is Our Food?* (Lanham, md, 2015)

Greenberg, Paul, *Four Fish: The Future of the Last Wild Food* (New York, 2010)

Lohman, Sarah, *Eight Flavors: The Untold Story of American Cuisine* (New York, 2016)

Mueller, Tom, *Extra Virginity: The Sublime and Scandalous World of Olive Oil* (New York, 2012)

Nestle, Marion, *Safe Food: The Politics of Food Safety*, 2nd edn (Berkeley, ca, 2010)

Schatzker, Mark, *The Dorito Effect: The Surprising New Truth about Food and Flavor* (New York, 2015)

Stevens, Kati, *Fake* (New York, 2019)

Wilson, Bee, *Swindled: From Poison Sweets to Counterfeit Coffee –The Dark History of the Food Cheats* (London, 2008)

Winson, Anthony, *The Industrial Diet: The Degradation of Food and the Struggle for Healthy Living* (New York, 2014)

文章和报告

Arana, Victoria Andrea, et al., 'Classification of Coffee Beans by gc-c-irms, gc-ms, and 1h-nmr', *Journal of Analytical Methods in Chemistry* (2016), doi: 10.1155/2016/8564584

Bandoim, Lana, 'Why McDonald's Got Rid of Artificial Additives in its Burgers', *Fortune*, 27 September 2018, www.forbes.com

Castle, Stephen, and Doreen Carvajal, 'Counterfeit Food More Widespread than Suspected', *New York Times*, 26 June 2013, www.nytimes.com

Davidson, Rebecca K., et al., 'From Food Defence to Food Supply Chain Integrity', *British Food Journal*, cxix/1 (2017), pp. 52–66 Dias, Claudia, and Luis Mendes, 'Protected Designation of Origin (pdo), Protected Geographical Indication (pgi) and Tradition al Speciality Guaranteed (tsg): A Bibiliometric Analysis', *Food Research International*, ciii (January 2018), pp. 492–508

Ellis, David I., et al., 'Fingerprinting Food: Current Technologies for the Detection of Food Adulteration and Contamination', *Chemical Society Review*, xli/17 (2012), pp. 5569–868

'Point-and-shoot: Rapid Quantitative Detection Methods for On-site Food Fraud Analysis – Moving Out of the Laboratory and Into the Food Supply Chain', *Analytical Methods*, vii/22 (2015), pp. 9401–14

Everstine, Karen, John Spink and Shaun Kennedy, 'Economically Motivated Adulteration (ema) of Food: Common Characteristics of ema Incidents', *Journal of Food Protection*, lxxvi/4 (April 2013), pp. 723–35

'Development of a Hazard Classification Scheme for Substances Used in the Fraudulent Adulteration of Foods', *Journal of Food Protection*, lxxxi/1 (January 2018), pp. 31–6

Galvin-King, Pamela, Simon A. Haughey and Christopher T. Elliott, 'Herb and Spice Fraud: The Drivers, Challenges and Detection', *Food Control*, lxxxviii (June 2018), pp. 85–97

Handford, Caroline E., Katrina Campbell and Christopher T. Elliott, 'Impacts of Milk Fraud on Food Safety and Nutrition with Special Emphasis on Developing Countries', *Comprehensive Reviews in Food Science and Food Safety*, xv/1 (January 2016), pp. 130–42

Hoffmann, Sandra, and Harder, William, 'Food Safety and Risk Governance in Globalized Markets', *Health Matrix*, xx/1 (2012), pp. 5–53

Hong, Eunyoung, et al., 'Modern Analytical Methods for the Detection of Food Fraud and Adulteration by Food Category', *Journal of the Science of Food and Agriculture*, xcvii/12 (2017), pp. 3877–96

Johnson, Renée, 'Food Fraud and "Economically Motivated Adulteration" of Food and Food Ingredients', *Congressional Research Service*, 10 January 2014

Lin, Liza, 'Keeping the Mystery Out of China's Meat', *Companies/ Industries* (24 March–6 April 2014), pp. 27–9

Lotta, Francesca, and Joe Bogue, 'Defining Food Fraud in the Modern Supply Chain', *European Food and Feed Law Review*, x/2 (2015), pp. 114–22

Lucht, Jan M., 'Public Acceptance of Plant Biotechnology and gm Crops', *Viruses*, vii/8 (August 2015), pp. 4254–81

Manning, Louise, and Jan Mei Soon, 'Food Safety, Food Fraud, and Food Defense: A Fast Evolving Literature', *Journal of Food Science*, lxxxi/4 (April 2016), pp. r823–r834

Matthews, Susan, 'You Don't Need to Worry about Roundup in Your Breakfast Cereal', www.slate.com, 16 August 2018

Moore, Jeffrey C., John Spink and Markus Lipp, 'Development and Application of a Database of Food Ingredient Fraud and Economically Motivated Adulteration from 1980 to 2010', *Journal of Food Science*, lxxvii/4 (April 2012), pp. r118–r126

Nasreen, Sharifa, and Tahmeed Ahmed, 'Food Adulteration and Consumer Awareness in Dhaka City, 1995–2011', *Journal of Health, Population and Nutrition*, 32/3 (September 2014), pp. 452–64

O'Neill, Natalie, 'The Fight for Real Kobe Beef is Coming to a Restaurant Near You', www.eater.com, 9 November 2015

Soares, Sonia, et al.. 'A Comprehensive Review on the Main Honey

Authentication Issues: Production and Origin', *Comprehensive Reviews in Food Science and Food Safety*, xvi/5 (September 2017), pp. 1072–100

Solaiman, S. M., and Abu Noman Mohammad Atahar N. Ali, 'Extensive Food Adulteration in Bangladesh: A Violation of Fundamental Human Rights and the State's Binding Obligations', University of Wollongong Research Online, https://ro.uow.edu.au, 2014

Solomon, Harris, 'Unreliable Eating: Patterns of Food Adulteration in Urban India', *BioSocieties*, x (2015), pp. 177–93

Spink, John, and Douglas C. Moyer, 'Defining the Public Health Threat of Food Fraud', *Journal of Food Science*, lxxvi/9 (November–December 2011), pp. r157–r163

Stearns, Denis W., 'A Continuing Plague: Faceless Transactions and the Coincident Rise of Food Adulteration and Legal Regulation of Quality', *Wisconsin Law Review*, ci (2014), pp. 421–43

World Intellectual Property Organization, 'Geographical Indications: An Introduction', 2017

播客

Gladwell, Malcolm, 'The Imaginary Crimes of Margit Hamosh', *Revisionist History*, season three, episode 8, www.revisionisthistory.com

Graber, Cynthia, and Nicola Twilley, 'Fake Food', *Gastropod*, season eight, 6 June 2017, www.gastropod.com

索引